网页设计

从界面布局到视觉表现·视频版

余兰亭 ⊕ 编著　韩雪冬 ⊕ 主审

U0276708

人民邮电出版社

北 京

图书在版编目（CIP）数据

网页设计：从界面布局到视觉表现：视频版／余
兰亭编著. -- 北京：人民邮电出版社，2018.2
ISBN 978-7-115-47138-3

Ⅰ．①网… Ⅱ．①余… Ⅲ．①网页制作工具 Ⅳ.
①TP393.092.2

中国版本图书馆CIP数据核字(2017)第274346号

内 容 提 要

本书以网页前端设计的理论基础与设计实践为前提，结合大量的真实案例，从易到难讲解了网页界面的信息架构、交互布局和视觉表现的方法与技巧。全书共 10 章内容，其中第 1、2 章为基础篇，第 3、4、5 章为界面交互篇，第 6、7、8 章为视觉表现篇，第 9、10 章为综合案例篇。各章节中都穿插了大量设计案例，章节后都配有与章节重点内容相匹配的实践操作步骤，以使读者能更好地归纳、吸收知识点，启发其网页界面布局及视觉表现的创意构思能力，提高设计工作效率。

本书主要面向有一定网页前端设计基础的读者及网页 UI 设计爱好者，也适合一些即将从事网页设计制作的学习者及高校相关课程的学生。

◆ 编　著　余兰亭

主　审　韩雪冬

责任编辑　税梦玲

责任印制　焦志炜

◆ 人民邮电出版社出版发行　北京市丰台区成寿寺路 11 号

邮编 100164　电子邮件 315@ptpress.com.cn

网址 http://www.ptpress.com.cn

北京建宏印刷有限公司印刷

◆ 开本：787×1092　1/16

印张：14　　　　　2018 年 2 月第 1 版

字数：289 千字　　2024 年 7 月北京第 10 次印刷

定价：69.80 元

读者服务热线：(010)81055256　印装质量热线：(010)81055316
反盗版热线：(010)81055315
广告经营许可证：京东市监广登字 20170147 号

前言

在一个优秀的网站中，源源不断的信息内容是其赖以生存的基石，方便快捷的交互是能留住用户的前提，清晰准确的视觉传达是快速引起受众兴趣的着力点。本书属于网页前端设计的范畴，它涵盖了网站信息架构、界面交互与视觉表现等多个方面。笔者将网页前端设计的理论知识与真实项目相结合，通过重组、分类的方式，以实践工作流程为切入点，由浅及深地剖析了网页前端设计中的主要工作环节。

一、写给初学者的建议

初次接触网页界面布局设计时，学习者的问题多集中在以下两方面。

（1）抓不到学习重点： 网页前端设计要学习的知识点太多了，不知道从何下手。

（2）技能过于单一： 关于网站的基础理论知识学得不够扎实，大量精力花费在视觉设计或是前端代码的编写上。

以上两个问题，是由初学者未能建立网页前端学习体系，没有找到一个适合自己的学习方法所造成的。建议初学者结合本书，从以下三个方面来学习网页前端设计。

1. 养成主动了解业内资讯的好习惯

做个有心人，如关注业界内知名的微信公众号、微博大 V 号，每天抽出固定的时间，比如 20 分钟，尝试用所学的理论知识对其界面的优劣予以分析。

2. 用全局的观念学习网页界面设计

网页前端设计师一般都出自艺术设计专业或计算机专业。网页前端设计师不仅要有扎实的理论知识，还要能打破专业壁垒，既有专业特长，也能通晓网页设计上下游的其他工作技能。

3. 熟练软件，勤于练习

熟悉网页前端设计过程中会使用到的软件，尽可能多地去参与真实项目。网页界面布局中常用的软件如下。

（1）思维导图类软件： 如 XMind 或 MindManager 等，可帮助用户梳理信息功能架构。

（2）界面标注类软件： 如 Markman 或 PxCook 等，可帮助用户完成界面视觉信息的数据标注。

（3）视觉设计类软件： 如 Adobe Photoshop、Adobe Illustrator 等，可帮助用户完成视觉设计。

（4）交互原型软件： 如 Axure（Mac 计算机推荐使用 Sketch），可帮助用户快速完成界面交互原型。

（5）前端开发软件： 如 Sublime 或 Adobe Dreamweaver，可完成前端 HTML、CSS、JavaScript 脚本语言的编写。

二、本书特点

1. 分篇章，帮助读者建立网页前端设计的思维体系

本书从网站的设计制作流程出发，分为基础篇、界面交互篇、视觉表现篇和综合案例篇4部分，难易程度适中，以帮助读者循序渐进地学习网页前端设计。

在基础篇中，带领大家认识网站相关的基本概念，了解网页界面设计中所涵盖的内容；在界面交互篇中，引入用户体验设计的概念，讲解网站的信息结构的概念、组织方法和类型，介绍界面布局的原理和类型，着重讲解从信息架构到网站各个页面交互原型呈现再到每个页面布局类型的选择；在视觉表现篇中，详细介绍了网页中每个视听元素的特征和时下主流的视觉风格，并利用视听元素有效、有层次、和谐统一地展现网站背后企业的形象风格；在综合案例篇中，简要介绍了前端代码的编写规则，运用前端代码将网页视觉效果图通过静态页面来呈现。

2. 理论与实践案例紧密结合，手把手教你如何设计制作网页布局

在每章的最后一小节都有该章节所对应重要知识点的实践案例，且案例均为网页前端设计常见类型，如 Banner 设计、登录界面设计、活动页面设计、食品公司网站的界面改版设计、天猫商城店铺界面设计、早教机构网站界面设计、运动品牌首页幻灯片效果的制作及餐饮类网站关键页面的前端设计，笔者将手把手教你如何实现从网页布局到视觉表现。

3. 扫码即可学习微课视频

书中的每一个案例都配有微课视频，大家可扫描二维码进行查看。每一个微课视频都由笔者用心录制和剪辑，希望能够为大家提供帮助。

三、感谢

特别感谢 UEmo/UElike/UEhtml 创始人、著名设计师韩雪冬老师（北京优艺客文化传播公司创始人）悉心审查书稿，并提供了第 9 章、第 10 章的案例素材和方案（来源网站：魔艺极速建站）。还要感谢在书稿撰写过程中帮忙整理材料的朋友白雪、徐海婷等。

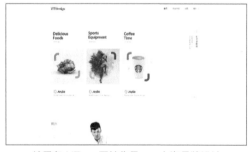
韩雪冬 UEmo 网站作品——上海品牌设计

韩雪冬 UEmo 网站作品——卜马工作室

编者

2017 年 11 月

目　录

界面交互篇

Part 2

视觉表现篇

Part 3

综合案例篇

Part 4

第 9 章 网站静态页面 前端开发基础

第 10 章 餐厅网站静态 页面设计

第 1 章
网页设计概述

认识网站
网页界面空间的影响要素
网站开发的团队与协作
网页的制作流程

第1章 网页设计概述

时下，浏览网页已经成为人们日常生活的重要部分，如何将其设计得更具吸引力已经成为网页设计师们不断追求的目标。本章首先带领大家认识网站的一些基本概念，了解网页界面空间的影响要素；接着走进网站开发团队知晓各个职责间如何协作；然后介绍网站制作的工作流程。

1.1 认识网站

对于网页设计的初学者而言，必须对网站的各基础概念进行界定与区分，如网站、网页和主页的区别，静态网页与动态网页的区别，网站第一屏以及网页界面的定义等。此外，了解不同类型的网站及其特征也对学习网页设计有着重要的意义。

1.1.1 网站的基本概念

网页是以提供人机交流便利为目的的中间媒体。它的语言格式是超文本标记语言（文件扩展名为 .html 或 .htm），该语言是一种可以在环球信息网（World Wide Web，WWW）上传输，经由网址（URL）被浏览器识别并翻译成页面展示出来的文件。

网站是由多个网页用超链接的方式组成的有机整体。它被存储在指定的网站空间（服务器或虚拟主机），通过域名（网址）进行访问。一个网站至少包含一个网页，上不封顶。

主页也称首页，是用户访问一个网站时看到的第一个页面，就像一本书的封面或目录，对整个网站的风格定位、框架结构起到指导作用。一般网站首页的第一屏是网站的重中之重，一屏指的是用户不拉动右侧滚动条或者鼠标就能在浏览器中看到的有效可视区，第一屏就是指打开页面后在浏览器中默认看到的第一个有效可视区，相当于一张报纸的头版，如苹果的官网首页（见图 1.1），其完整效果需要拉动右侧滚动条才能展示完，而第一屏（见图 1.2）仅仅是浏览器显示的第一个部分。

图 1.1 苹果官网首页

图 1.2 苹果官网首页第一屏

静态网页是指不通过程序（如 ASP、JSP、PHP 等）而直接制作成的 HTML 页面。每个静态网页都有一个固定的网址，一般以 .htm、.html、.shtml 等后缀结尾，且不带"？"。这种网页不能通过识别用户的不同身份而呈现出不同的内容。静态网页并非绝对的静止，也可以出现各种动态效果，如 GIF 格式动画、Flash 动画、滚动字幕等，这些只是视觉上的"动态效果"，而不是动态网页。

动态网页是指使用网页程序语言，如 ASP、JSP、PHP 等，通过编程将网站内容动态存储到数据库，用户访问网站时通过读取数据库来动态生成的网页，对用户不具备可见性。动态网页具有编程性，可根据设计者的要求动态地改变网站的内容，同时动态网页可与各种数据库进行交互，可以实现网络游戏、电子交易等功能。

网页界面是用户与网站的一个中间媒介。与传统的平面设计相比较，网页界面设计的特点在于它的交互性、持续性、多维性、多媒体性，其目标是优化信息与通信系统以满足用户的需求。网页界面设计必须以科学技术与艺术审美的结合为基础，以视觉为手段，始终遵循艺术与功能高度统一的原则，让用户在"动态的"浏览操作中感受网页界面的设计之美。

1.1.2　网站的分类

网站的种类样式繁多，目前尚无一个严谨的分类方式。将网站按照主体性质不同，可大概为：门户类、垂直类、电子商务类、社交类、企业类和个人类。

门户类网站是以提供信息资讯为主要目的，类似于网络世界的"超市"的综合网站。其特点是信息量大、内容丰富、多为分栏结构。这类网站用户群广，具有较高的访问量，很容易得到较多的广告投放量，典型的门户网站有搜狐、网易和新浪等。门户网站涉及的领域非常广泛，如搜狐网（见图 1.3）包括各类新闻、搜索引擎、娱乐视频、功能链接、免费邮箱等，整个界面中有多处广告区域。

图 1.3　搜狐网

垂直类网站是聚焦于某些特定的领域，提供该领域的深度信息和相关服务的网站。相对传统门户类网站而言更像是一个网络"专卖店"。垂直类网站的用户一般是该领域或行业的爱好者、关注者和消费者，所以吸引该网站用户的方法就是将网站内的信息整理得更具深度，更加精彩。如全球最大的 Web 技术资源网站 W3school 网（见图 1.4），

图 1.4　W3school 网站

页面布局简洁大气。从基础的 HTML 到 CSS，乃至进阶的 XML、SQL、JS、PHP 和 ASP.NET，都提供全面的教程、完善的参考手册以及庞大的代码库。

电子商务类网站是企业、机构或者个人实施电商服务或交易的窗口。它的用户为供应商、客户或者企业产品的消费群体。随着互联网技术的迅速发展，电子商务逐渐渗透到现代商业的各个领域，最常见的是为用户提供一种新的购物方式——网上虚拟商城，如亚马逊网站、淘宝商城、1 号店、唯品会等。

如果垂直网站加上专业化的购物服务就形成了更加专业化的电子商务，就能以权威、专业的内容吸引、刺激和带动顾客消费。如聚美优品网（见图 1.5），专注于女性化妆品正品折扣，具有强烈的产品特色和专业性。在设计电子商务类网站时，要充分考虑到网站有高质量且丰富的内容、更新及时、网站响应时间短、易于操作等因素。

社交类网站（Social Network Site，SNS），是帮助用户建立社会性网络关系的互联网平台。在这个平台上，人们可以实现娱乐共享、展现自我观点以及分享自身经历等，最具代表性的有 Facebook、人人网、新浪微博等。随着社会需求的发展，社交网站也逐渐向专业化、兴趣化、电子商务营销化及多平台化的趋势发展。如豆瓣网（见图 1.6），其核心用户群是具有良好教育背景的都市青年，他们可以在该网站上发表有关书籍、电影、音乐的评论，也可以搜索别人的推荐，所有的内容、分类、筛选、排序都由用户产生和决定，甚至在豆瓣主页出现的内容也取决于你的选择。豆瓣除了有桌面网页版外还能自适应手机端，并配套开发了豆瓣 App。

图 1.5 聚美优品网站

图 1.6 豆瓣网站（左图为桌面端官网，中间为手机端官网，右图为豆瓣 App）

企业类网站是企业向用户宣传产品和服务的互联网平台，是当今时代企业对外的窗口。有的企业网站还制作了电子商务的基础设施和信息平台，方便用户直接购买本企业的产品和服务。现在无论是大型跨国企业还是国内小企业几乎都有自己的网站，它必须要符合自身品牌的个性，不能千篇一律。如水井坊官网（见图1.7）中就提供了产品介绍和定制服务等功能，页面本身无购买功能，但在其销售服务页面设置了（京东、天猫等）销售链接。页面视觉上以企业的标准色金色为主，红色为辅，文字图像里蕴涵着典雅文化与高雅品位，十分符合水井坊企业本身的市场定位。

图 1.7 水井坊官网

个人网站可以说是个人在网络上的家，可以存放个人信息资料，让更多的网页浏览者了解你，相互结识成为网络中的朋友。一般在个人网站中会存放一些个人收藏整理的资料并不断更新，这也为网络浏览者们提供了资讯服务，使个人站点发挥了更强大的功能。如摄影师Julian Abrams 的个人网站（见图1.8），它为单页设计，页面两栏布局，大胆的留白，当你向下滑动鼠标，便可切换菜单选项，而单击左右方向图标即可观看摄影作品，无论是交互方式还是视觉效果都个性十足。因此设计个人网站时最好是针对个人的爱好和专业特长，按个人的想法收集资料，然后将其制作成网站。

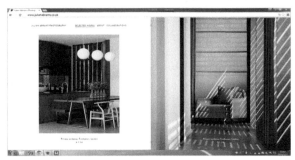

图 1.8 Julian Abrams 个人网站

1.1.3 网站的商业模式

网站的商业模式是依据网站类型而具体设置的。其盈利内容主要是卖服务和卖产品，具体的盈利途径可分为以下 4 种类型。

◼ 流量变现模式

流量变现模式是一种先获得大量的流量，然后在此基础上通过广告、流量分发等赚钱的方式，它也是最基础的盈利模式，具体的落地方案如下。

（1）Banner 广告

Banner 广告是网站通过出租广告位、展示广告图来盈利，无论用户是否单击广告图，网站都需要向广告商家收取费用。这种形式也是互联网上最常见的盈利方式，常用于一些门户网站之中，如腾讯大申网的广告区域（见图 1.9）。

图 1.9　腾讯大申网

（2）匹配广告

搜索引擎网站 / 电子商务中的搜索功能都是靠搜索关键词来匹配广告的一种形式。此类搜索广告一般按照每次单击价格（Cost Per Click，CPC）的方式计价，如百度网站搜索结果页面（见图 1.10）展现免费，产生有效点击才会收费。

图 1.10　百度网搜索结果页面

（3）社交广告

社交广告模式是将广告跟社交元素结合，最大的特点凭借"他人推荐"而对广告产生信任感。例如喜马拉雅网站（见图 1.11）中，头条推荐栏目中的播放、点赞、留言数量，凡是有很多人关注与点赞的质量都不会差。

图 1.11　喜马拉雅网

（4）流量分发

流量分发模式主要是用于一些门户网站或者浏览器入口，其利用其独特的网站定位和运营模式，争夺用户的上网入口，从而获得大量的流量，最后，再把这些流量分发到各种网站上，向网站收费。如 hao123 网（见图 1.12）就提供了大量的网站入口，最后向这些网站收费。

图 1.12　hao123 网

2 佣金与分成

佣金与分成模式是借助网站这一平台直接为客户提供服务，收取一定的提成。最常见的是 B2C 电商平台，如天猫商城网（见图 1.13），它就是按卖出商品的价格向店铺租户收取提成。

图 1.13　天猫商城网

3 增值服务收费

增值服务收费模式是指基础服务功能免费，高级服务功能收费。这种模式常见于一些社交网站的会员制度及游戏网站中的道具。如 QQ 本身免费，但是你若想享受更多服务就需付费升级会员（见图 1.14）。

图 1.14　QQ 会员页面

4 直销模式

直销模式是利用互联网平台本身来卖自营商品，这种模式实际上就是减少中间环节，把商品直接销售到用户手中，典型方式如当当网的自营部分（见图 1.15）。

图 1.15　当当网

1.2　网页界面空间的影响要素

打开同一个网页时，不同的机器上看到的界面效果可能大不相同，这是由于网页显示媒介的特性所决定的。网页界面空间显示依赖于显示器的分辨率与浏览器这两大因素。

1.2.1　分辨率与显示器

分辨率是屏幕上图片所呈现的精细度。一般而言，较高的分辨率的图片所呈现出来的细节越多、效果越好。屏幕分辨率的单位是像素，是一个相对单位，即物理设备上的 1 像素。一般以纵向像素 × 横向像素来表示一个终端设备的分辨率。如当前显示器的屏幕分辨率是 1920 像素 ×1080 像素，即每一条水平线上包含有 1920 个像素点，共有 1080 根水平线。

同一显示器看一个网站，高分辨率与低分辨率看到视觉效果会有一定差别。如同样打开美食节网站（见图 1.16），左图分辨率为 1920 像素 ×1080 像素，能看到的图文信息更小巧丰富，右图分辨率为 1366 像素 ×768 像素，感觉上略显粗糙，视觉信息展示的较少。

图 1.16　不同分辨率下美食节网站比较

需要特别强调的是屏幕像素密度不是像素分辨率，屏幕像素密度是指屏幕上每英寸可以显示的像素点的数量，单位是像素 / 英寸（pixels per inch，ppi）。如大多数网站制作常用图片 ppi 为 72，即每英寸像素为 72，因此在设计网页的时候需要将 ppi 设置为 72 像素 / 英寸（见图 1.17）。

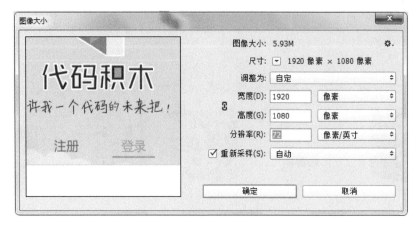

图 1.17 网页设计中的 ppi 设置

1.2.2 浏览器

浏览器是指可以显示网页服务器或文件系统的 HTML 文件内容，并让用户与这些文件交互的一种软件。常用的浏览器有 Chrome、IE、Safari、火狐、UC 等（见图 1.18），用户可以根据自己的喜好及浏览器特性来选择使用。

不同浏览器所用的内核不一样，其渲染机制也不相同，所以同一网页用不同浏览器访问的视觉效果和响应时间也会略有不同。如对比一下用 IE（9.0 版）和 Chrome（45.0 版）浏览器打开微软网站（见图 1.19），首先，整体来看 IE 浏览器比 Chrome 浏览器展示的内容略少，信息显示的更大；其次，细节上 IE 浏览器下的字体较大且颜色为黑色、蓝色，广告区域的文字信息置于图片之下，菜单栏高度较高；再次，IE 浏览器头部的高度略低于Chrome 浏览器（见图 1.20），这样会导致在浏览器容器内看到的一屏信息的高度会更高。

图 1.18 从左至右分别是 Chrome、IE、Safari、火狐、UC 浏览器

图 1.19 不同浏览器下的微软网站（左图为 IE 9.0 浏览器，右图为 Chrome 45.0 浏览器）

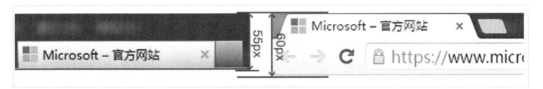

图 1.20　不同浏览器的头部高度不一

　　然而就算是同一浏览器，不同版本所呈现出来的界面效果也不尽相同。如 IE 11.0、IE 9.0 和 IE 8.0 打开"饿了么"网站（见图 1.21），IE 9.0 以上版本浏览器属于高级浏览器，所以 IE 9.0 与 IE 11.0 版本效果较为接近，IE 11.0 版默认状态下输入框有默认文字区域位置选项，而 9.0 版本输入框内为空。8.0 版本的效果则相差更远，它的界面仅为一个二维码。

　　实际上，高版本浏览器与一般浏览器的不同之处主要表现在圆角、阴影、动画、文字阴影、背景渐变等方面。我们难以让网页 100% 兼容所有浏览器，这就要求我们在设计界面时，需要针对当前主流用户群来选择测试的浏览器。了解当前主流浏览器的方式有查看相关的统计平台，如百度统计——流量研究院（见图 1.22），其数据来源于百度统计所覆盖的超过 150 万的站点。例如，2016 年 3~5 月使用量排行前三的浏览器分别是 Chrome 浏览器占 40.61%，IE 8.0 浏览器占 17.98%，IE 9.0 浏览器占 5.39%，这为我们选择兼容的浏览器对象提供了重要的参考价值。

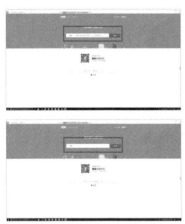

图 1.21　相同浏览器不同版本（从上至下浏览器分别为 IE 11.0、IE 9.0 和 IE 8.0）

图 1.22　百度统计——流量研究院

1.3 网站开发的团队与协作

从整体上看，一个小型网站的设计团队起码应该具有产品策划人员、开发人员、设计人员及运维人员4个角色，而在一些较为大型的公司中则细分为产品经理、架构师、交互设计师、UI设计师、前端开发工程师、后端开发工程师、测试工程师、运维工程师等职位（见图1.23）。在一些大型项目中每个职位都可能是由多人团队组成，他们的具体任务分工如下。

产品经理是对网站从策划到上线都了如指掌的角色。他们负责分析项目、分析市场、分析用户、分析竞品、产品线规划、设计原型、PRD、产品宣讲、进度推进等。他们根据用户的需求策划设计产品、制作团队的推广计划，在执行中发现问题并及时调整，具有一定的线下活动策划能力，同时还要兼具协调好全公司产品上下游所有部门关系的能力。

架构师是既能掌控网站整体开发技术又能洞悉技术局部瓶颈并依据具体的业务场景给出合理的解决方案的团队技术领导型人物。他们主要着眼于系统的技术实现，负责确认和评估系统需求，给出开发规范，搭建网站实现的核心系统构架，并澄清技术细节、扫清主要难点。

交互设计师是秉承以用户为中心的设计理念，以用户体验度为原则，对交互过程进行研究并开展设计的工作人员。他们一边要和信息、技术部门协调相关的页面逻辑，数据承载方式等，平衡多方利弊，一边还要梳理用户与网站间的交互关系，并将交互流程转换为流程图、线框图，可视化展现网站的低保真原型（也称交互原型），确保设计人员与开发人员的有效沟通。

UI设计师（也称用户界面设计师）负责界面设计。他们具备较强的图形设计能力，了解各平台的设计规范，掌握一定的前端开发知识，能将模糊的需求直接转化为富有创意与视觉表现力的界面。UI设计师负责设计高保真原型（即网页视觉效果图），以及输出切图、标注给开发工程师，并且与前端工程师密切沟通，确保自己的设计实现。

前端开发工程师和后台开发工程师都是随着Web技术发展，从开发工程师中细分出来的职业。前端开发工程师熟知前端开发技术（如HTML、CSS、JavaScript等），负责网站前端代码的修改调试和开发工作。他们既要与上游的产品经理、交互设计师和UI设计师紧密配合实现设计想法，还要与下游的后端工程师沟通，确保代码有效对接，优化网站前端性能。

后端开发工程师负责数据存储（数据库、Redis等），复杂逻辑的设计（如权限控制、前端数据交互、

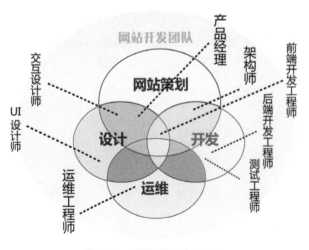

图1.23 网站开发团队示意图

配置信息、路由等），让用户不仅从视觉上体验到炫酷的效果，而且还要能够达到实用的目的。

测试工程师负责的内容包括编写测试计划、规划详细的测试方案、编写测试用例等，他们根据测试计划搭建和维护测试环境，然后执行测试工作，提交测试报告，对测试中发现的问题进行详细分析和准确定位并与开发人员讨论问题的解决方案。

运维工程师负责响应及解决客户的技术需求、疑问以及系统使用过程中遇到的各种问题。他们会收集并撰写服务过程中的问题现象和处理方案，形成知识库，并且及时反馈技术处理过程中的异常情况，联系相关部门负责人，主动协调资源推动问题解决。

1.4　网页的制作流程

网页的制作是一个循环往复的过程，大致要经历前期策划、规划框架、整理相关素材、设计与制作网页、测试完善及推广维护更新这六个步骤，如果有一天需要对网站进行大型改版则又会回到到第一个步骤（见图 1.24）。对网页的制作流程清楚地认知有利于把控网页设计与开发的进度，下面将一一详述这六个步骤所包含的内容。

1 前期策划

首先是由产品经理组织策划网站主题，明确网站建设的目的意义，进行前期调查。网站主题是网站的中心内容，前期调查是紧紧围绕这一主题展开的。前期调查包括：一、了解目前同类型网站的发展趋势，了解目标用户的需求，分析其优劣势；二、根据调查结果，结合自身特点，确定网站的产品和服务方向；三、考虑网站所用技术。

2 规划框架

在前期策划的基础上，产品经理需要分析消费者的需求和市场状态，以用户为中心，规划网站的内容框架。这里的框架是指网站的服务范围，即提供哪些服务，拥有哪些功能。明确网站各个页面之间的关系，知晓每个页面上的功能及栏目划分。

3 整理相关素材

在网站的内容框架下，凡是网站所涉及的文本、图像和多媒体素材都是需要收集的。收集的材料越丰富，设计与制作时的选择空间也就越宽泛。这些资料主要来源于两个方面，一是网站甲方提供，另外则主要是由产品经理、UI 设计师从书籍、期刊和网上等收集而来。然而，这些资料良莠不齐，使用时还需整理、取舍，做到辨伪存真、去粗存精，保证不出现版权问题。

图 1.24　网页的制作流程

4. 设计与制作网页

设计与制作网页时，首先由交互设计师确定网站页面间的交互关系，接着设计一个交互原型。然后，由 UI 设计师为网站界面布局、拟定视觉风格，进而为各个主题栏目布局、绘制框图、设计平面效果图。该效果图应注意页面间交互合理、风格一致、图像精美、色彩统一、字体易于识别。

待确认平面设计稿无误后，再交付给前端开发工程师实现设计效果。在编写代码时要遵循由大到小、由简到繁的规律，即先布局框架、再实现动画效果。此外还需注意各个浏览器的兼容性及代码的规范性问题，方便团队合作。

最后由后端开发工程师实现网页的数据库设计及交互功能。架构师统筹安排网站开发进度，对于技术难题要及时应对、解决。

5. 测试完善

网站成型后由测试工程师对产品进行功能、性能、安全等测试，并对测试结果进行分析，给出专业测试报告，与其他部门紧密协作，跟踪缺陷并及时推动修复。完善好网站的最终效果后，最后要利用 FTP 工具将网站发布到 Web 服务器上，这样全世界的朋友都能看到你的网站了。

6. 推广、维护更新

网站上传后，并不意味着网站制作真正意义上的结束。据调查，网上最著名的 10% 的站点吸引 90% 的用户，可见网站的宣传与维护的重要性。运维工程师会采用多种措施提高网站的知名度与访问量，如通过杂志、电视等传统媒介推广、网络广告推广、搜索引擎推广、友情链接推广等。

有了好的推广，还需持续维护该网站以保障网站的信息安全和新鲜感。维护的内容包括：网络安全、动态信息更新、新产品更新、咨询回复等。维护中的更新有大有小，大到对整个页面风格的改版更新，小到对图文信息的增加、减少和修改。不过，页面的风格是网站的形象标签，不宜频繁更新，否则在用户脑海中难以形成定势。小的信息修改周期是根据网站的性质而定的，如新闻网站的信息更新的频率较高，而其他网站的更新周期一般是一周到一个月不等。适度的更新网站信息能培养忠实用户，增加网站的黏合度。

第 2 章
网页界面设计的内容

网站形象
导航系统
信息内容
广告
表单区
案例——Banner 设计

第 2 章　网页界面设计的内容

网站是为产品及其品牌所服务的媒介，不同性质、不同行业的网站所呈现出的界面内容各不相同。本章将按照网站提供的功能给界面内容分类，主要包括网站形象、导航、信息内容、广告、表单五大设计元素。

2.1　网站形象

当我们打开一个网站时，首先联想到的是该企业的形象，也就是说网站给用户的第一印象会直接影响到用户对企业品牌的认可度。尤其是当用户并不熟悉企业产品，或是该企业品牌没有线下实体店时，网站形象自然而然成了他们评判这个产品及其品牌优劣的重要标准。

所谓网站形象是指网站的整体风格与创意设计，它需要遵循企业的视觉识别系统（Visual Identity System，VI），通过统一的图形、色彩、字体等视觉元素来反映企业品牌的经营理念与精神文化。视觉识别系统是以 Logo、标准字、标准色、宣传语等为核心展开的完整的、系统的视觉表达体系，网站是系统中应用设计的一部分，具体体现在网站Logo、网站色彩、网站的图片形象等方面。

2.1.1　网站 Logo

网站 Logo 是构成网站形象的重要元素，是区分网站的重要符号，也是塑造品牌、增强企业认同感的方式之一。每个网站都有自己的 Logo，它与企业品牌 Logo 是一致的。当为一个企业设计 Logo 时，应当充分考虑到用户是否能够从 Logo 中了解到企业内容，在形象和寓意上要能反映网站的信息。如社交网站 Twitter 的 Logo（见图 2.1），造型上为一只拥抱天空、蓄势待发的小鸟，表达了该公司热情、奋斗向上的企业精神。

图 2.1　Twitter 网站首页与 Twitter 的 Logo

由于网站一屏内所展现的有效可视区域有限，Logo 一般放置页面顶部，且所占的界面空间都较小，这就要求设计网站的 Logo 时简洁醒目，即便是在小尺寸的界面也能清晰展现。

在表现形式上，网站 Logo 可分为静态 Logo 与动态 Logo。静态 Logo 是指由文字或是图文合成的 Logo，是 Logo 较常见的表现形式。动态 Logo 则一般由图形、文字、动效、声音等多种形式合成，以画面切换的形式来演绎。如全球冲浪峰会网站的 Logo（见图 2.2）就是动态 Logo，其形态设计质朴而养眼，动画看起来拙稚有趣。

图 2.2　全球冲浪峰会网站的动态 Logo

2.1.2　广告语与图片形象

与 Logo 一样能反映企业理念特色的还有广告语，网页中的广告语主要包括企业的形象标语和活动宣传语，其特点是简短、精悍、具有一定的纲领性与鼓励性。

企业形象标语常以文字的形式出现在 Logo 的周边，如 UBER 的广告语是"优步　工作时间取决于您"（见图 2.3），简单明了地让用户了解到企业的理念特点：高效、便捷、即刻接驾，广告语置于首页 Logo 的下方，一目了然。

图 2.3　UBER 网站首页

活动宣传语常以图片的形式占据页面较大的空间，一般出现在首页视觉的最佳区域让用户的视线能立即捕捉到，如顺丰快递 23 周年庆"拇指行动"（见图 2.4），它是以大幅广告图片的形式放置首页，并配以运单查询功能，图文并茂地展现了顺丰的活动主题及服务特色"让寄件查件更简单"。

图 2.4　顺丰快递网站首页

作为网站形象宣传的图片，有的也出现在首页前的欢迎页面或某些加载页面，如 RIO 鸡尾酒的网站（见图 2.5），其加载页面就是以 RIO 的瓶型作为图片形象，直观简洁的设计形式给用户建立一个初步的网站形象，帮助网站与用户之间建立起直接的视觉联系。

图 2.5　RIO 鸡尾酒网站

2.2　导航系统

导航是网站中的指路标，是网页界面设计中最重要的内容，也是用户在页面中使用最高的功能。用户需要使用网站的导航系统来明确自己每时每刻所处的位置，并快速地获取信息。因此，我们必须清晰、合理地规划网站框架和信息结构，理清页面之间的逻辑关系，设计出直观、易操作的导航系统。从表现形式上来划分，网站导航系统主要包括全局导航、局部导航、搜索引擎导航、面包屑导航和其他辅助导航 5 种类型。

2.2.1　全局导航

全局导航就是网站中的一级菜单，也是我们通常所说的主导航。它通常位于网站的最优视觉区域，并展现出整个网站的框架结构。通常情况下，全局导航都是以统一的外观出现在网站的所有页面，通过链接的构建有效引导用户浏览网站。值得注意的是，现在越来越多的网站为其 Logo 设置了首页链接，方便用户无论何时何地只要单击 Logo 就能跳转到首页，此处的 Logo 也属于全局导航的范畴。

传统的全局导航菜单是顶部、底部或侧面固定。导航菜单固定在页面顶部的形式运用范围十分广泛，它能灵活地布局图文和多媒体信息，如某些个人网站（见图 2.6），无论进入到站内的哪个页面，全局导航的菜单都置于顶部；导航菜单位于界面底部的布局常用于信息内容不多，能在一屏内展示完信息及效果的网站，如意大利高级珠宝伯蒂诺网站（见图 2.7），该网站的全局导航位于界面的底部不变，导航上方拖曳鼠标可以观看有趣的视差变化；全局导航区域固定在侧面的形式优势在于能合理控制网站的结构，该布局会营造出简洁大气的风格，如 Georgina Bousia 网站（见图 2.8），左侧导航的简洁与右侧图片精致形成强烈对比，使得网站内容及导航区域一目了然。

图 2.6　Gerard Dubois 个人网站

随着时代的发展，全局导航也出现了更多新的形态，如 Names for Change 网站（见图 2.9）全局导航菜单顶部与底部兼备，不过两者有主次之分，顶部菜单完全展示，单击菜单后是当前页面的跳转，而底部菜单则需要单击方向图标才能展开，并且单击后会另外打开一个窗口；再如 MUSEEKLY 网站（见图 2.10）导航菜单被隐藏在汉堡图标（俗称三条线图标）中，当鼠标单击图标后会跳出弹框选择，此类导航虽隐蔽但可以让页面更整洁，为视觉设计留下更大的空间。总之，无论全局导航身处界面何处都是为了帮助用户访问到站内任意页面，完成各个页面间的跳转。

图 2.7　意大利高级珠宝伯蒂诺网站

图 2.8　Georgina Bousia 网站

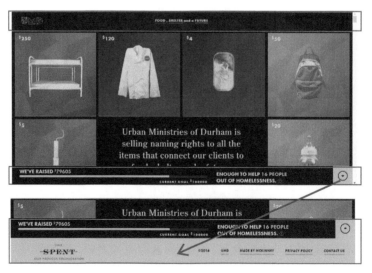

图 2.9　Names for Change 网站

图 2.10　MUSEEKLY 网站

2.2.2　局部导航

局部导航常常与全局导航协同工作，是全局导航的补充和延伸。实际上局部导航就是网站一级菜单下的二级菜单或三级菜单。相对于全局导航位置的固定曝光，局部菜单的位置时常会被折叠隐藏，只有选中了一级菜单后才能看到相应的二级菜单，选中二级菜单后才能看到三级菜单。如著名的 DIY 工艺品电商 Brit+Co 网站（见图 2.11），当鼠标悬停一级菜单时，会展现出其对应的二级菜单；当进入到二级菜单时，才能看到三级菜单。此处的局部导航完美地展现出网站的架构，实现页面的快速跳转。值得注意的是局部导航的结构要清晰，层级最好不要超过三层，否则会使网站内容和结构显得繁冗，不利于用户浏览。

2.2.3　搜索引擎导航

搜索引擎导航实际上就是搜索框，一般放置在网站的顶部或主导航附近。一个简单的搜索框或搜索按钮能够方便用户直接通过搜索关键字查询结果，特别适用于门户类与电子商务类网站。如 amazon 网站（见图 2.12），大量的商品信息很容易让用户无所适从，此时用户只需在搜索框内输入关键词就能精准、迅速地查找到所需的信息。相对于企业网站和电子商务类网站而言，搜索引擎还能够提供网络市场调研数据，拓展潜在客户。

图 2.11　Brit+Co 网站

图 2.12　amazon 网站

2.2.4　面包屑导航

面包屑导航又称作层级菜单，它表明当前页面所处的位置及产品的从属关系，特别适用于层级关系较深的网站。它往往位于全局导航与正文之间的左侧或者右侧的位置，一般样式是用链接文字加上"＞"横向排布。如爱奇艺网站（见图 2.13）的面包屑导航位于全局导航与影片正文之间，有了面包屑导航的引导，一方面我们更能看清该视频的目录结构，实现该页面与父级页面之间的跳转；另一方面方便我们查找自己当前在站内的位置。

图 2.13　爱奇艺网站

2.2.5 其他辅助导航

其他辅助导航是提供一些全站导航与辅助导航不能快速到达的相关内容的快捷方式，多以图片、图标、文字及视频链接等形式出现。其形式可以是静态，也可以是动态。如在线学习网站 Design Tuts+（见图 2.14），用户在首页无需借助全局导航、局部导航等，可以通过单击图片直接进入到对应的课程学习页面，还可以单击作者姓名快速进入作者介绍页面。我们在设计辅助导航时应当注意其功能的优先级，不可随意放置。

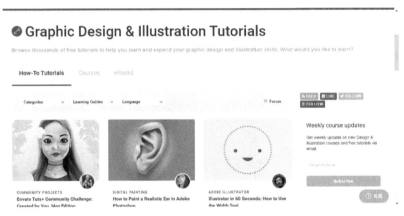

图 2.14 Design Tuts+ 网站

2.3 信息内容

在用户浏览网站的不同阶段，分别需要不同的信息，根据用户浏览的时间顺序，针对性地展现相关信息，能够使内容更符合用户浏览习惯和需求。通常可以简单地将其分为初选阶段、对比选择阶段、抉择阶段。

根据这三个阶段也可以将网站页面的信息划分为 3 种不同的信息展示类别，即首页、列表页面、详细页面（见图 2.15）。由于用户的需求不同，三者在信息内容的设置上各有不同。

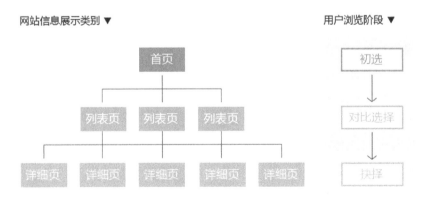

图 2.15 首页，列表页面，详细页面示意图

2.3.1　首页信息展示

首页是整个网站的全貌图，一般起到信息展示和分流的作用，是对用户对信息进行初选的第一步。在首页内容设计中应当浓缩网站信息，筛选核心与重点，以易于目标用户浏览、理解的方式呈现出来。

按页面空间划分，内容的呈现方式分为两种：一种是简洁型的，首页只提供入口，起到分流的作用，引导用户进入更深层次的页面，常用于信息内容丰富的电子商务与教育类型的网站。如中国人民大学网站（见图2.16），它首页所展示的是所有分类的窗口，而不是单个信息的详情；另一种是详细型，多以图文链接为主，页面长度往往较长，常用于一些门户类、新闻类的网站。如时代周刊网站（见图2.17），每个栏目都划分了板块，页面较长，感觉上信息量丰富。

图2.16　中国人民大学网站

此外，在首页中应当依据网站性质和用户需求精心选择信息的表达方式，如图形、文字、多媒体等元素。结合信息所占的比例、位置、标题的字体、色彩搭配，体现出首页信息内容的层次感和视觉效果的精致感。

2.3.2　列表页面信息展示

列表页面往往是通过首页中感兴趣的分类导航链接进入的，一个网站的列表页面有可能不止一个。用户根据页面的标题或图片进行浏览、对比，进而选择目标进入。此时的用户处于初选后进一步选择的阶段，虽尚未做最后的抉择但大致方向更为清楚。因此，列表

图2.17　时代周刊网站

页面的内容设计要更为聚焦，根据信息量和信息类型需要选择不同的展现方式。

如果页面空间有限，文字链接足以满足用户的判断，那么用文字链接即可；如果标题不能帮助用户很好的选择，且空间允许，则可以选择标题文字链接，展示出少量的关键信息。如优设网的招聘页面（见图 2.18）就是典型的列表页面，它的招聘信息的标题字数控制在一行约 20 字以内，单击标题链接即可查看全文，在标题下方，紧跟着两行文字摘要，引导用户单击查看详情。

图 2.18　优设网网站

除了文字链接外，图片链接也是许多网站列表页面热衷的方式，特别是对于电子商务和艺术设计相关的网站，用户更渴望看到产品的图片。该页面主要依靠图片的视觉效果进行选择信息。如 ZARA 网站的列表页面（见图 2.19），基本采用图文结合的方式来增强网站的吸引力，除了可以查看小的缩略图外，还非常人性化地提供了大图浏览模式，即通过更改一行浏览 2 张或 6 张图来调整此页面内图片展示的大小。该网站这种大图的直观展现方式给用户提升了不少好感。

图 2.19　ZARA 网站

2.3.3　详细页面信息展示

详细页面是用户浏览的最后阶段，此时的页面内容通常都聚焦在一个点上。我们设计此页面时，应按照用户的需求和浏览习惯，需要对信息内容的重要性和逻辑性进行梳理。在布局上，一般将重点信息放置页面第一屏靠上的区域，将关联度高的信息放置在一起。

如在亚马逊网站的详细页面（见图 2.20）中，标题信息下方依次为评价信息、价格信息、商品详情。其中标题信息中并列放置如星级评分、商品评论的功能，一方面增强了商品的真实感，另一方面也迎合了用户的关注需求。

图 2.20　amazon 网站

此外，在详细页面中，无论用户是完成目标还是选择离开，都应当想方设法诱导用户进行下一步浏览。如根据用户的喜好推荐相关信息，热点内容，引导用户浏览更多感兴趣的内容等。

其优势在于一来可以增强用户的黏合度；二来可以有效提高网站的点击率与交易量。

2.4　广告

网页广告是通过互联网等科学技术按照一定的付费标准，运用媒体科技向公众劝说、引导，在互联网上宣传某种品牌或意识。为了不影响网站信息内容的正常阅读，广告或赞助应该通过标签或其他可视的标识将广告信息和网页内容信息明确区分开来。网页广告的分类方法有很多，按照广告的表现形式来分主要可以分为旗帜广告、弹出式广告、浮动广告、文字链接式广告。随着互联网技术的开发，将会出现更多的广告类型。

2.4.1　Banner

Banner（也称网幅广告）是任何投放于网页上（桌面端、移动端）的各种尺寸和形状的广告图，是最常见的网页广告形式。Banner 有静态和动态之分，通常置于网页浏览的最佳视觉区域，以主题突出、制作精良、富有创意的图片或动画形式出现。

由于 Banner 大多会放置在一个固定区域，会受到一定空间尺寸的约束，在设计这类广告时应当考虑它与周围环境的关系。如唯品会网站（见图 2.21）中的 Banner 区域内放置了多个广告轮播，其主题突出、色彩明亮，与周边的静态页面形成反差，一下就吸引了用户注意，成功地诱导用户单击链接到广告对应的活动页面。

一个网站内，可能有多个 Banner 区域。为了丰富视觉效果、提升整个页面的档次，每个 Banner 区域的尺寸规格、表现风格应当避免一致，而每个 Banner 应做到个性突出，富有形式美感，从而提升用户好感、增强美誉度。

图 2.21　唯品会网站

2.4.2　弹出式广告

弹出式广告是指一般在用户打开网页时，在目标页面之上自动打开的新广告，主要以图片、动画或者视频为主。由于弹出式广告通常自动弹出，所以其具有减少页面跳转、增强曝光率频率极高、时效快、瞬间吸引注意力的优势。但其具有一定的强迫性，容易打断用户浏览使用，使用时稍有不慎则会令用户反感。

弹出式广告按照提示的强弱程度可以分为强提示、中提示、弱提示三种类型。强提示是指弹出且必须强制用户浏览完，观看广告期间不可关闭操作目标页面。由于其具有相当大的强迫性，因此现在使用得较少；中提示使用较为广泛，是指必须单击关闭的图标按钮才能关掉该页面，如聚美优品网站（见图 2.22），新用户首次打开该网站时，会看到弹出广告，在广告下面有一个半透明的遮罩层，单击右上角关闭图标才能看到首页；弱提示相

图 2.22　聚美优品网站

对来说较为温和，弹出数秒后不用单击关闭按钮，自动关闭方便用户浏览页面。如麦包包网站（见图 2.23），新用户首次打开该网站时会弹出，但即便你不单击关闭图标，数秒后该广告及后面的遮罩层也会自动消失。

图 2.23　麦包包网站

2.4.3　浮动式广告

浮动式广告是指打开页面时置于文字、图片之上，来回飘浮的广告。有的是跟随鼠标移动轨迹滑动，有的则是静止或有自己的运动轨迹。如中国大学生广告艺术节学院奖网站（见图 2.24），它两侧的浮动广告无论是页面跳转还是向下浏览页面，都会浮于页面固定位置上，除非你单击关闭图标。此类型的网络广告侵扰性非常强，容易影响并且中断用户体验，使用时要十分谨慎。

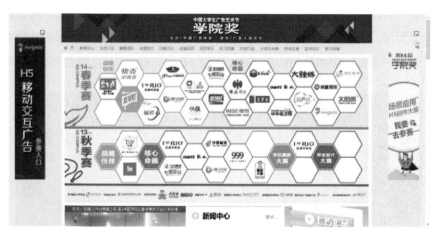

图 2.24　学院奖网站

2.4.4　文字链接式广告

文字链接式广告是指将广告放置到具有广告性质的文字中。在表现形式上较为常见的是一段号召大家单击浏览的文本文字或者按钮，还有一种是关键字搜索，在搜索结果中单击文字链接。

2.5 表单区

表单区是实现用户需求与网站系统数据之间交互的一个重要窗口。从网站注册登录到
到意见反馈，用户几乎每天都要经历填写表单的过程。大部分人对表单可谓是喜忧参半，
提高表单填写的效率能大大增强用户对网站的好感，因此，表单在设计上应当特别尊重用
户行为习惯，比如添加用户常常用到的交流渠道等。从功能上划分可以分为信息提交式表
单与信息交流式表单。

2.5.1 信息提交

信息提交式表单的用途很多，从用户登录注册到收集用户意见、资料登记、服务申请，
再到网上购物等都需要用到。如百度贴吧的登录框（见图 2.25），表单精简只用填写用户
名和密码两项即可登录。该登录表单还提供了二维码扫描和短信快捷登录功能，十分尊重时
下用户交互习惯，即便不填写表单也能立马登录。此外，该输入框区域较大，方便用户填写。

图 2.25 百度贴吧的登录框

在设计此类表单时，需要注意以下几点：①满足填写时的便利性，尽量减少用户填写
步骤，让所有用户都能方便、安全、舒适地获取并利用信息；②在操作错误时，应当给予
友情提醒，引导用户及时修正，正确填写；③需要考虑填写表单时的趣味性。

2.5.2 信息交流

信息交流式表单是为用户提供一个信息交换的地方，如留言板、论坛、聊天室等。浏
览者可以对个别产品、服务或话题展开讨论，顾客也可以对关心的问题提出咨询或者得到
售后支持。如京东客服页面（见图 2.26），对话空间大，能很清晰地看到与对方的聊天记
录，右侧会有常见问题链接方便快速地自助查询。如遇排队，会给出明确的排队位置和时
间，便于用户合理规划下一步操作。因此，在设计信息交流式表单时应考虑到对话模式的
空间布局和用户的心理感受。

图 2.26　京东客服页面

2.6　案例——Banner 设计

此案例是以亚马逊网页界面为例做两个 Banner 设计（见图 2.27），Banner1 的主题为双十一"满 100 省 50"，Banner2 的主题为美的家电"新品上市"。对于不同 Banner 区域，我们应当根据主题确定视觉信息内容，然后再根据尺寸特点选择合适的版式，接着再确定视觉风格设计各视觉要素。

Banner 设计

图 2.27　亚马逊网站中的两个 Banner

第一步：结合 Banner 主题确定必要信息。

理清 Banner 中的必要信息是设计 Banner 的第一步（见图 2.28），它能保证我们在后面的设计环节中不漏掉任何重要的信息。Banner1 的主题是亚马逊自己的双十一促销活动，因此设计稿图时需要将双十一主题、活动内容、活动时间都纳入其中，设计时笔者还观察到此区域其他轮播的 Banner 上均有"立即购买"，因此为了信息的一致性，Banner1

双十一促销　60000册图书满100省50

活动时间：2017年11月11日　立即购买

美的Logo

新品上市
99元起

图 2.28　两个 Banner 的必要信息

动，因此设计稿图时需要将双十一主题、活动内容、活动时间都纳入其中，设计时笔者还观察到此区域其他轮播的 Banner 上均有"立即购买"，因此为了信息的一致性，Banner1 上还需加上此元素；Banner2 是一个新品上市，必须要突出品牌 Logo，并将新品上市纳入其中。

第二步：归纳两种 Banner 的版式特点。

经测量 Banner1 大小为 1500 像素 × 300 像素，Banner2 大小为 300 像素 × 250 像素。Banner1 由于是扁长的矩形，在构图时可以考虑图文的左右结构，或者左中右结构（见图 2.29）。

Banner2 趋近于正方形，构图时可以选择的版式有前后结构、左右结构、上下结构（见图 2.30）。

图 2.30　Banner2 所适合的版式结构

图 2.29　Banner1 所适合的版式结构

第三步：设计两个 Banner 的草图。

草图是将必要的文字信息与图片资料整合，设计出大致的版式。本案例中 Banner1 选用左中右结构的版式，文字在中间，两边是图书的配图（见图 2.31）；Banner2 选用前后结构，后面为家电的配图，图的上面为文字，看起来像是一个"回"字形（见图 2.32）。

图 2.31　Banner1 稿图

图 2.32　Banner2 稿图

第四步：完善文字效果等细节，完成两个 Banner 的电子稿。

Banner 中的字体设计时不要完全依赖字体库的字体，尽量根据主题重新设计，对于格外强调的字体可以选择立体效果。如"双十一抢购"的字体，抢购与时钟图形异质同构；而"满 100 送 50"是活动的重点信息做了立体效果后显得格外突出（见图 2.33）。

色彩表现上同样也需要与品牌主题相呼应，如 Banner1 选用的黄色色调与亚马逊本身的 VI 系统相呼应，绚丽的颜色营造了节日热闹的气氛；而 Banner2 选用的蓝色也遵循了美的品牌的 VI 系统（见图 2.34）。

图 2.33　Banner1 字体设计

图 2.34　Banner1 与 Banner2 最终效果图

第3章
用户体验研究

以用户为中心的设计
用户需求研究
案例——从用户身上寻找需求【登录界面】

第3章 用户体验研究

随着互联网的高速发展，用户已经不满足于从网站中仅仅只是获取完整直观的信息，越来越多的用户更加关注网页交互的易用性及愉悦性，这就要求我们在设计网站时，将用户体验的理念植入其中。本章将从用户的角度出发介绍了以用户为中心的设计思维及方法，并结合案例详细讲解了用户与网站间的关系，帮助大家在日后的网页信息设计时有效地组织整理信息，让信息和用户完美地进行交流。

3.1 以用户为中心的设计

3.1.1 用户体验概念

ISO 9241-210 标准将用户体验定义为"人们对于使用或期望使用的产品、系统或者服务的认知印象和回应"，简称为 UX。用户体验包含了一个产品或系统被使用之前、使用期间和使用之后的全部感受。如今，用户体验已经被各行各业所重视，加强产品与购买者、使用者之间的联系，将交互过程与产品本身看作是有机的整体才是产品立足于当今市场的王道。

Jesse James Garrett 在《用户体验要素：以用户为中心的产品设计》中将用户体验由抽象到具体分为 5 个层次（见图 3.1）：战略层（产品的目标）、范围层（功能组合、信息内容的详细描述）、结构层（信息空间中内容元素的分布）、框架层（用户如何与产品功能进行交互）、表现层（产品的外观设计）。

用户体验的 5 个层次在网站中可以理解为：战略层包括网站经营者与用户双方对网站的期许和目标；范围层包括网站应该提供给用户什么样的内容和功能；结构层包括将分散的内容和功能凝结成一个网站的概念及结构；框架层包括进一步提炼网站的概念及结构，确定很详细的界面外观、导航和信息设计；表现层即网站的视觉设计。

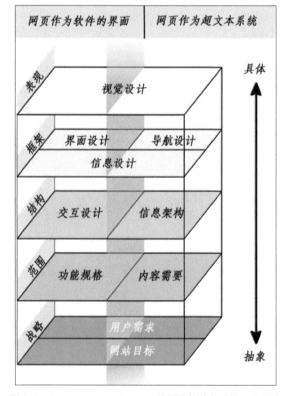

图 3.1 Jesse James Garrett 将用户体验分成的 5 个层次

3.1.2　以用户为中心的研究方法

以用户为中心的设计强调了用户体验在整个产品设计与开发中的必要性。以用户为中心的方法适用于网页设计生命周期的各个阶段，因为不管是需求挖掘还是设计评估，都需要与用户打交道。在此，笔者将网页设计的流程概括为 4 个阶段（见图 3.2）。

图 3.2　网页设计的流程的 4 个阶段

第一阶段：用户研究。此阶段的目的是建立该网站的用户类型，确定用户的需求。

第二阶段：需求分析。此阶段的目的是通过市场调查，来梳理网站的功能特点，确定该网站最终要达到的效果。

第三阶段：设计实现。此阶段着眼于网站的设计与制作，从界面内容架构、网站界面风格分析、原型设计及详细设计等多方面，一一落实细节。

第四阶段：评估与改进。此阶段的目的是收集用户对网站设计的体验反馈，有针对性地及时改进。

本章将重点介绍用户研究和需求分析的内容，而设计实现及评估改进在网页设计中的应用将会在后续章节详述。

以用户为中心的设计方法及流程国内外研究有很多，如问卷调查、访问调研、数据分析、人物角色、故事板、卡片分类、眼动测试、焦点小组和可用性测试等，这些方法不一定每一个都适用于你的网页设计，但能帮助我们挖掘用户需求和推动设计优先级。

（1）问卷调查。问卷调查是指以书面形式向特定人群提出问题，并要求被访者以书面或口头形式回答来进行资料搜集的一种方法。在新媒体时代下，问卷调查的传播方式也更丰富化，如电子邮件、微信传播等（见图 3.3）。在设计和分析问卷结果时要注意：参加调研的用户是否代表所有用户群体；问卷来源是否会影响结果；研究的问题是否会影响结果；问卷是否易于分析。

（2）访问调研。访问调研的优势在于访问者在访谈中可以与用户有更长时间、更深入的交流，通过面对面沟通、电话等方式可以达到与用户直接交流的目的。访谈调研法一般在调查对象较少的情况下采用，因此常与问卷调查法、可用性测试法等其他方法结合使用。

（3）数据分析。数据分析是用适当的统计分析方法对收集来的大量数据进行汇总、理解并消化，以求最大化地挖掘数据中的信息，它是为了提取有用信息和形成结论而对数据加以详细研究和概括总结的过程。透过数据分析可以了解用户的心智模型（mental model）、使用工具、语言描述、使用方法、目标、价值观，从而彻底满足用户需要。

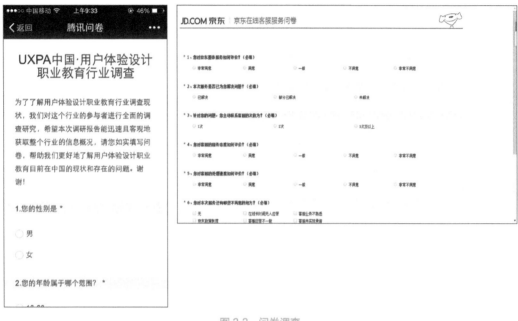

图 3.3　问卷调查

（4）人物角色。人物角色并不是一个平均的用户，也不是一个真正存在的用户，而是来源于我们观察到的真实用户资料（特征、行为、需求）的一个真实用户的综合原型。观察方式为数据分析、问卷调查、访问调研等。为了人物角色更为生动，它常常结合卡片分类法来确定用户群的主次（见图 3.4）。一个可信的、易于理解的用户模型需要贯穿在整个开发流程中，我们可以通过与它建立关系来理解和分析用户需求。

图 3.4　人物角色结合卡片分类的应用

（5）故事板。故事板是运用图片和文字的视觉形式将人物角色放置到某个场景中。在网页设计中，通过讲故事的方法让设计师在特定产品使用情境下全面理解用户和网站之间的交互关系。故事板（见图 3.5）需要使用简单的语言描述人物角色、情境及用户使用情景，尽量不要给出具体的用户行为和交互动作。故事板是设计师们脑海情景中的具化，它既能让大家融入用户的使用情景当中，还可以一个旁观者的状态观看全局，总结和反思使用场景的问题。

图 3.5　故事板

（6）卡片分类。卡片分类是一种揭示用户如何组合信息、分类和关联概念的方法。通过将功能写在一张张的卡片上（见图 3.6）让用户进行分类，从而了解参与者的心智模型。它不仅常用于一个新网站的设计之初，也常用于一个已有网站的新功能的信息架构上。

图 3.6　卡片分类

（7）眼动测试。眼动测试就是通过眼动仪记录用户浏览页面时视线移动过程及对不同板块的关注度。通过眼动测试可以了解用户的浏览行为，评估设计效果。眼动仪（见图 3.7）通过记录角膜对红外线反射路径的变化，计算眼睛的运动过程（见图 3.8），并推算眼睛的注视位置。通过将定量指标与图表相结合，可以有效分析用户眼球运动的规律，该方法尤其适用于评估设计效果阶段。

图 3.7　眼动仪

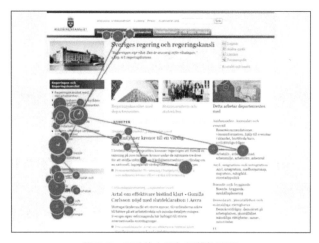

图 3.8　眼动热力图与视线轨迹图

（8）焦点小组。焦点小组比较适合非敏感或参与者关系较弱、不以获取偏个人化信息为目的地调研，否则仍然建议通过深度访谈了解用户。该方法执行时，要有一个讨论主题，对主持人和用户的选择都需谨慎。主持人不仅需要把控讨论的方向，还需要妥善照顾到每一位参与者。在用户的选择上，应和调研目标保持一致，以及保证用户背景不要存在明显高低差异。通过对某一主题或观念进行深入讨论，从而获取相关问题的一些创造性见解。

（9）可用性测试。可用性测试（见图 3.9）是针对界面原型的具体性进行结构化访谈。在发布网站之前，可以根据测试目标设计一系列操作任务，通过测试 5~10 名用户完成这些任务的过程来观察用户实际如何使用产品，尤其是发现这些用户遇到的问题及原因，用户研究员会针对问题所在，提出改进的建议。

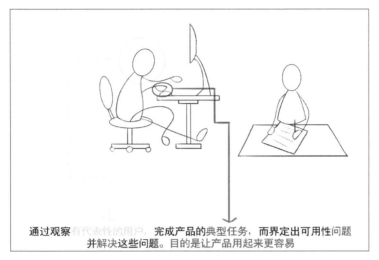

通过观察~~有代表性的用户~~，完成产品的典型任务，而界定出可用性问题
并解决这些问题。目的是让产品用起来更容易

图 3.9　可用性测试

3.2　用户需求研究

3.2.1　了解你的网站

在策划一个网站前，要明确经营者建立网站的目的是什么，即在什么样的情境下解决什么样的问题。此处的情境是指用户使用网站时的时间、地点、场景以及他们当时的情绪。这种情境赋予了网页设计本身的意义，将情境引入到网页设计中去能帮助我们客观地了解用户希望通过该服务所达到的目的，进而确定网站的产品主要愿景、服务范围和核心功能。

用户在网站使用的情境中遇到的问题是关注的重点，例如设计一个专门为年轻白领服务的订餐外卖网，在设计前就需要对其特殊的情境进行定义，年轻白领在写字楼里工作，没空出去吃饭，此时有一个网站为他提供了订餐外卖的服务，让他足不出户即可享用快速便捷的美食。那么，此网站的核心功能就是帮助这类用户找到附近提供外卖的商家让其选择，完成下单付款后提供准时送达外卖的服务。

3.2.2　关注你的用户

明确了核心功能之后就可以逐步规划出一个功能完善的网站，但面对同类垂直性网站，如何占据市场的一席之地，这就需要关注网站的用户。一款成功的互联网产品往往并没有满足所有用户的需求，而是准确定位了某一类用户并且很好地满足了那类用户的需求。到底定位哪一类用户是我们需要考虑的，首先就需要用户分类。

用户的分类方式有很多种，在此介绍几种常见的分类方式。

一是基于运营的分类方式，根据使用该网站的人口学信息，如用户的年龄、性别、爱好、学历、收入水平、计算机水平、职业、地域、网龄等，其中的每一条都可以成为一个网站用户分类的方式。如知乎网（见图 3.10）就以用户的兴趣来分类，通过用户关注的话题来定制化地推送信息。

图 3.10　知乎网

　　二是基于产品的分类，一般是根据用户的需求与行为而来的，如重庆大学学位与研究生教育管理信息系统（见图 3.11）将用户分为研究生导师、学生、工作人员、学院用户、任课教师、答辩秘书、分委会秘书及导师秘书 8 类用户，再或有些电子商务类网站就将用户分为买家用户、卖家用户等，蚂蚁短租网（见图 3.12）就是将用户分成租户用户、房东用户及后台管理员 3 种。

图 3.11　重庆大学学位与研究生教育管理信息系统

图 3.12　蚂蚁短租网

三是基于用户的优先级比较，即罗列、比较用户对企业的价值，一个网站所面对的用户类型众多，在设计时必须有所侧重。例如去哪儿网（见图 3.13），它是一个旅游搜索引擎，其用户可以大致分为出行用户和商家用户，出行用户登录网站的目的各不相同，有的需要预订机票，有的需要预订酒店，还有的想购买门票等，与此对应的商家用户需求也不一样。在其首页上只能将目标用户对企业的价值进行排序，优先级高的预订机票用户即为网站设计时的重点。

图 3.13　去哪儿网

四是使用将人物角色融入情境的方法，对产品使用目标、行为、观点等进行研究，以辅助产品的功能范围定位。在一个网站中，功能不可以贪大求全，应当聚焦个别重点功能，简化用户的操作。

3.3　案例——从用户身上寻找需求【登录界面】

登录界面设计

这是某某中学综合管理平台（见图 3.14）的一个原版用户登录界面，现在需要在原有基础上做一个改版设计。此时我们可以运用以用户为中心的设计方法大大提升原有登录界面的用户体验。

注：本案例仅提供一种优化方案，介绍运用以用户为中心的设计思维来改版网站的方法，还有其他方案请大家自己去发挥。

图 3.14　某某中学综合管理平台原版

　　第一步：理解原有版本的界面功能（见图 3.15）。做改版之前有可能会发现原版的很多问题，此时切不可立马陷入视觉的细节，应当对原有界面功能进行系统的整理，进而画出线稿。

图 3.15　理解原有版本的界面功能

　　第二步：以用户的思维寻找原版中操作的主要问题（见图 3.16）。

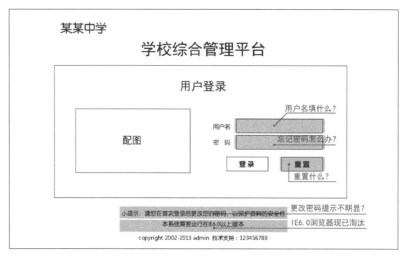

图 3.16　以用户的思维寻找原版中的操作主要问题

　　（1）用户名的输入框中应当输入什么。

　　（2）如果忘记密码不知道何去何从。

　　（3）重置的功能容易误解为密码重置或个人信息重置，经笔者操作后发现其实是取消输入框信息的功能。

　　（4）小提示"首次登录需要更改您的密码"容易被忽略。

　　（5）IE 6.0 浏览器在国内已基本被淘汰，此处提示的意义不大。

第三步：逐一解决主要功能问题（见图 3.17）。

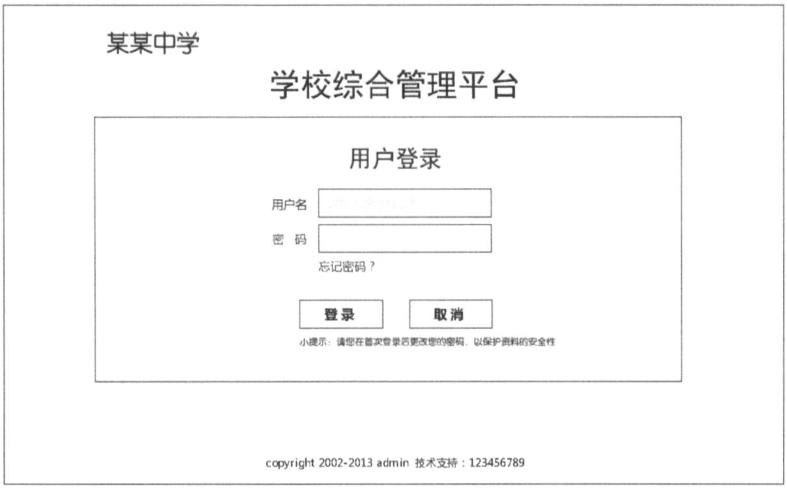

某某中学
学校综合管理平台
用户登录
用户名
密　码
忘记密码？
登录
取消
小提示：请您在首次登录后更改您的密码，以保护资料的安全性
copyright 2002-2013 admin 技术支持：123456789

图 3.17　逐一解决主要功能问题

（1）默认状态下给用户名填写提示。如填写“请输入学号或工号”。

（2）密码下方应当有一个提示，忘记密码时可以单击链接，重新设置密码。

（3）“重置”的标识文字改为“取消”。

（4）小提示“首次登录需要更改您的密码”从页面底部上挪到登录按钮下方，顺应用户的浏览顺序，方便用户登录时更改密码。

（5）去掉底部“本系统需要运行在 IE 6.0 以上版本”的提示，页面上应当尽量保持简洁，不需要的东西就应去掉，不去打扰用户阅读。

第四步：优化界面的交互功能（见图 3.18）。

某某中学
学校综合管理平台
用户名
密　码
忘记密码？
验证码
CypX
登 录
取消
copyright 2002-2013 admin 技术支持：123456789
某某中学
学校综合管理平台
用户名
密　码
忘记密码？
登 录
取消
copyright 2002-2013 admin 技术支持：123456789

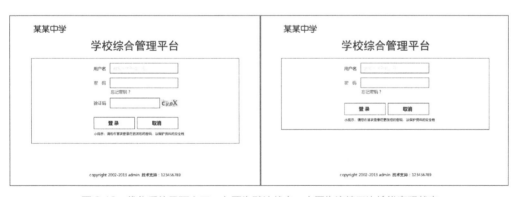

图 3.18　优化后的界面交互，左图为默认状态，右图为连续三次输错密码状态

（1）完善密码功能。为了界面的友好，登录界面默认状态下无验证码，但出于对学校管理系统安全性的考虑建议无“记住密码”的功能，若连续 3 次以上密码输入错误，使用验证码。

（2）区分不同功能之间的间距，如输入框和按钮之间的距离较之两个输入框之间的间

隙要略大，一来是为了区分功能区域，二来是为填写错误后的提示信息留有区域。

（3）扩大可操作区域的空间。如输入框的高度增大，按钮的单击面积扩大，都是为了方便用户操作单击。

第五步：优化视觉细节。

（1）界面布局优化，界面左上角添加了学校的 Logo 与学校名称区域，登录框水平居中处于视觉重点区域。

（2）精简有效信息。小提示的图标 ⚠ 就有警醒提示的作用，因此图标 ⚠ 和"小提示"可以二选其一。

（3）视觉风格更改。本系统平台的用户为中学的师生及家长，因此视觉风格应当吻合中学生朝气蓬勃的特征。改版后的界面选用了蓝天下的向日葵作为背景素材，为了不抢夺登录框的焦点，特地加以模糊效果来烘托出充满生机、阳光向上的氛围。

（4）色调确定。从背景图片中提取颜色，蓝色为主，黄色为辅。

（5）界面元素符合 Web 页面显示规则（具体会在第 7 章的视听元素中做详细讲解）。最好有一套设计规范文档，用来标注文字字体样式、大小、图标大小、色彩色值、对齐方式等，便于团队合作。

（6）考虑到界面的交互状态，此处供设计了两张效果图，一是默认状态下的登录页面（见图 3.19），二是含有交互效果的登录页面（见图 3.20）。切记每一个有交互状态的地方都需要有些视觉变化以暗示用户目前所处的状态。最典型的如按钮就设计了 3 个状态（见图 3.21），未选中、选中或悬停、选中并单击的效果，还有正在输入的输入框其轮廓会变为蓝色，忘记密码选中或悬停就会出现下画线，而填写错误后会有相应的提示。

图 3.19　优化视觉细节后的默认状态

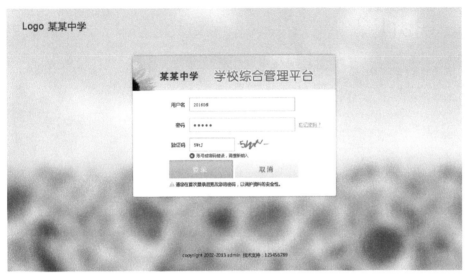

图 3.20 含有交互效果的登录页面

图 3.21 按钮的 3 种交互状态

第 4 章
信息架构设计

网站的信息结构
网站整体结构到界面架构
案例——活动页面设计

第 4 章　信息架构设计

信息结构与交互属于网站的设计实现阶段，在用户体验中属于结构层的范畴。本章详细介绍了信息的组织方式、结构类型以及如何实现从网站整体结构到界面架构的过渡。一方面帮助大家梳理了网站各项信息的功能、特性以便选择最合适的组合方式，即确定哪个功能要放在哪个页面中；另一方面还帮助大家解决了如何引导用户高效地到达某个页面等问题。

4.1　网站的信息结构

4.1.1　信息结构的概念

信息结构设计为信息内容提供了情境，它的目的是将若干信息有机地组织在一起，使用户能够更容易地查询、获取所需信息。网站信息结构的核心要素包括网站的组合系统、导航系统、搜索系统、标识系统，各系统的具体内容如下：

（1）组合系统是负责组织网站的信息框架，确定信息的组织系统分类，对网站内容进行逻辑分组，确定各组之间的联系。

（2）导航系统是负责设置页面间的交互，通过标识和路径的显示，表明用户现在在哪里，看过哪些页面，如何去目标页面等。

（3）搜索系统是负责用户对信息的查询搜索，通过提供一定的检索条件对网站内容进行搜索，最终展示搜索结果。

（4）标识系统是负责网站信息名称的定义与表述，如对标题、图形、索引项、导航等标识的标引名称、标签及描述。如 Acfun 网站导航（见图 4.1）中"彼女"的意思就是"她或女朋友"。

图 4.1　Acfun 网

4.1.2　网站信息组织方式

　　网站的组织方式是指将信息组合成有意义而且各具特色的类别。信息的组织方式分类众多，网站的设计者需要在研究用户思维模式的基础上，对信息的内涵进行概括和抽取，运用合理的组织方式使信息以人们熟悉或易于接受的方式展示出来。

　　在组织方式中最为关键的是组织体系，也称分类依据，即网站是以什么为标准来进行分类的。组织体系需要定义内容条目之间共享的特性，以及影响这些条目的逻辑分组方式。按照精度来划分，组织体系分为精确性组织体系与模糊性组织体系两种。

　　常见的精确性组织体系有：按字母顺序、按年代顺序、按地理位置。如南京博物院网站最新动态栏目的新闻组织体系（见图 4.2）就是按照时间由近及远的顺序排列，最新的新闻会在栏目的最前列。

图 4.2　南京博物馆网

　　美团网（见图 4.3）在更换地理位置的页面中，用户可以根据省市的地理位置在下拉框中进行精准选择，默认地名的排序是按拼音首字母进行排列。

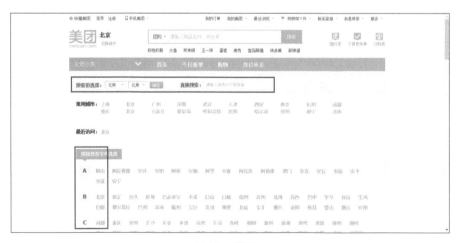

图 4.3　美团网

常见模糊性组织体系有：按主题、按任务、按用户、按隐喻。如中国国家地理杂志网站首页（见图4.4）的左侧焦点栏目就是按照主题来分类，通过单击左侧的主题文字可在右侧切换浏览对应的图片，若对图片感兴趣即可单击图片，网站将另外打开一个窗口进入该主题的专题页面（见图4.5）。这种按主题分类的方式尤其适用于新闻期刊类网站定期推出不同专题页面内容的需求。

图4.4　中国国家地理杂志网站首页

图4.5　中国国家地理杂志网站专题页面

再如服务众包平台猪八戒网站在用户注册成功后的"新手上路"页面（见图4.6）中就是按照用户来分类，页面中共分有两种角色，一个是雇人办事的雇主，另一个是接单赚钱的服务商。用户单击角色图片链接，即可进入对应的用户页面（见图4.7）。由于两类用户对于猪八戒网站的需求不同，即雇主更加关心如何发布需求，服务商更加青睐如何开店接单，因此这种按用户分类的方式设置入口极大地满足了网站区分不同用户群的需求。

图4.6 猪八戒网"新手上路"页面

图4.7 猪八戒网用户入口页面（上为雇主页面，下为服务商页面）

4.1.3 信息结构的类型

在网站界面信息中，页面功能，不同分类依据也不同，从组织方式的维度出发，网站信息结构可大致分为层次结构、矩阵结构、线性结构和自然结构四种类型。

1. 层次结构

层次结构也叫树形结构（见图 4.8），是最常见的网站信息结构模式。它通过树状图的方式对一个事物的结构进行逐层分解，一般是从父级向子集深挖，有时也可能是自下而上或者是双向的。具体从哪个角度来组织网站结构的深度与宽度则需要根据网站的设计目标及定位来判断。

图 4.8　层次结构

比如京东网的商品组织方式（见图 4.9）就使用了层级结构。在首页左侧的全局导航中就将众多商品清晰地划分为三个层级菜单。其中，一级菜单将全部商品分为 15 大类，当鼠标光标悬停在某一大类上时，一级菜单右侧就会出现其对应的二级菜单及三级菜单。这样一来，用户不用逐个浏览网页也能轻松理解京东网庞大的商品类型。

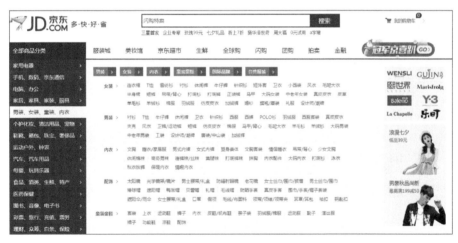

图 4.9　京东网的商品组合方式

2. 矩阵结构

矩阵结构（见图 4.10）是一种提供多种导航方式来协助用户到达目标页面的结构模式，矩阵中的"节点"是指页面，"轴"则是指用户到达目标页面的方式。该矩阵结构的特点就是允许用户在节点与节点之间沿着两个或更多的"维度"移动，通常能帮助那些"带着不同需求而来"的用户，使他们能在一个页面中寻找各自想要的东西。此结构常用于系统管理网站和电子商务网站。

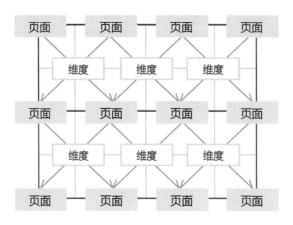

图 4.10　矩阵结构

矩阵结构中需要特别注意的是"维度"的依据，也就是维度的分类标准是否是用户真正需要的。如去哪儿网的酒店团购页面（见图 4.11）就较好地应用了矩阵结构，页面中提供了位置、分类、价格、服务的热门筛选条件方便用户查找符合要求的酒店，用户还可以同时勾选多个条件进行精确搜索。

图 4.11　去哪儿网酒店团购页面

3 线性结构

线性结构（见图 4.12）是以操作时间为轴的结构模式，当设定好起点和终点后，中间所能发生的所有事情都被设计成一种线性的体验。虽然它无法为用户提供每个流程中的细节，但能显示你正处于关键线路的哪个节点上。因此，此结构比较适用于用户注册引导页，单个专题活动页中的小规模信息结构中。如南方航空公司官网上办理乘机手续的页面（见图 4.13）就是采用的线性结构一步步引导用户操作。

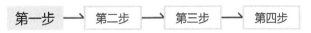

图 4.12　线性结构

图 4.13　南方航空公司办理乘机手续页面

自然结构

自然结构（见图 4.14）是不遵循任何一致的结构模式，它的节点是逐一被连接起来的，并没有太强烈的分类概念。由于此结构没有给用户提供一个清晰的指示，因此它很适合那些鼓励用户自由探险或是一直在演变的主题。如淘宝网中猜你喜欢的栏目（见图 4.15）就是典型的自然结构，它是根据用户浏览网页的历史记录，经过大数据计算、分析而随机推荐商品。但对于用户下次使用网站时还需要依靠与本次同样的路径、去找到同样的内容，就要尽量避免使用这种自然结构。

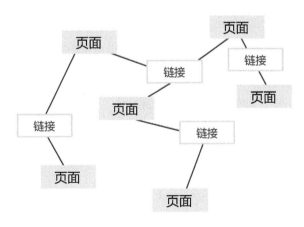

图 4.14　自然结构

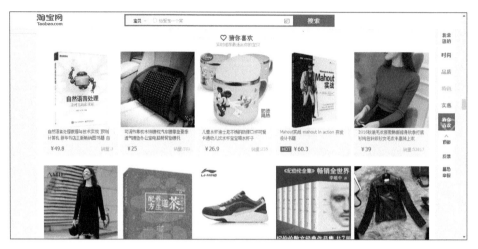

图 4.15 淘宝网"猜你喜欢"功能

以上四种结构单一存在的形式并不多，大多数网站都是需要根据页面功能类型进行多种结构的组合。如可以针对基础内容创建网站的层级结构，然后利用矩阵结构将具体信息与某部分集成。

4.2 网站整体结构到界面架构

4.2.1 确定网站的导航

理解了网站的信息的组织方式与信息结构后，接下来就是确定网站的导航栏目，再将信息对号入座地放置到它所在的功能页面中。

设计开发人员可以借助一些思维导图软件如 X-mind，Mindmanager 来疏理网站信息的层级结构，进而对网站的导航进行分类。本节分享的是一个名为"速合通"的金融公司的网页设计。该公司正处于创业阶段，企业方希望借助网站在对其品牌和产品进行介绍之余，还兼具招聘员工、招代理商的功能，最好拥有专门的代理商入口（客户提供代理商页面的链接地址），于是笔者就用 X-mind 对其网站信息进行了分类（见图 4.16）。

1 层级关系

（1）网站首页：近期活动的 Banner、产品中心、合作伙伴、在线服务（悬停于每个页面）。

（2）关于品牌：专业知识、企业文化、人才招聘。

（3）新闻中心：公司新闻、行业新闻。

（4）产品中心：产品 1、产品 2、产品 3。

（5）招商合作：项目优势、加盟条件、招商信息。

2 自然关系

单击首页中的产品中心的产品链接后会跳转到产品中心的详细页面。

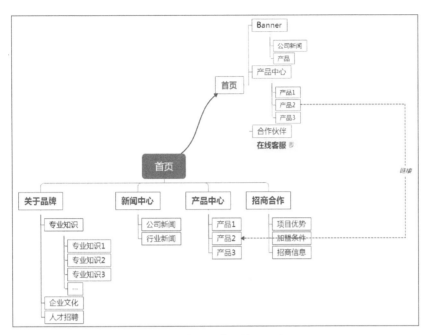

图 4.16 "速合通"网站页面关系

层级关系确定后，全局导航（一级菜单）和关键的辅助导航（二级菜单）即可拟定（见图 4.17）。

图 4.17 拟定导航

此时，每个页面的功能分布已基本拟定，线框图只用记录每个页面信息及功能即可，无需完美细节形式上可以手绘也可以直接上电子稿，本案例中采用的是电子稿，为了区分功能板块，在色彩上有所区分，与视觉效果无关。

以下是首页（见图 4.18）和部分二级页面（见图 4.19）的线框图，网站最终上线效果图是与客户反复商榷后，对网页界面的框架布局及视觉表现进一步完善后决定的。本书中的第 5~8 章将会针对界面框架布局与视觉表现进行详尽的讲解。

图 4.18 "速合通"首页线框图

图 4.19 "速合通"部分二级页面

4.2.2 提高用户体验的交互技巧

第一，删除不必要的内容，聚焦核心。界面中的各种小细节会增加用户的负担，去掉可有可无的选项、内容和分散人们注意力的视觉元素，能让用户感觉速度更快，更有安全感。在此我们来对比一下 QQ 空间网页版内嵌游戏界面 2012 年与 2016 年的设计稿（见图 4.20），看似两者功能布局一样，实际上 2016 年版有多处细节做了简化：一是移除"公告"功能，二是移除"启动 QQ 游戏大厅"链接，三是去掉邀请好友的图标。移除两个功能让用户更容易沉浸在 QQ 游戏的选择中，而邀请好友的图标与文字内容意义重合，删掉后页面更加轻盈简洁。

第二，组织信息，排定优先级。在着手组织信息之前首先要理解用户的行为，然后平衡经营者的商业利益，再运用用户心智模型去设计交互细节，最后确定用户想要达到什么样的目的，并排定优先级次序。换言之，什么信息放在醒目的首页，什么信息放在二级页

面或者更深层级的页面。如优酷土豆视频（见图 4.21）与爱奇艺 PPS 视频（见图 4.22）
网站，两者均为视频网站，但页面的信息组织却大不一样。

图 4.20　QQ 游戏界面左图为 2012 年版，右图为 2016 年版

图 4.21　优酷土豆网

图 4.22　爱奇艺 PPS 网

优酷土豆首页内容由广告与热播、独播视频组成，广告与视频链接混排在一起，固定区域不可关闭。视频链接是将热播与独播的节目大小不一地排版在一起，虽显得视频种类多样，但也由于选择过多，导致面积区域较小的视频链接容易被忽略。相比之下，爱奇艺PPS首页的广告出现8秒后会自动关闭，在首页寸土寸金的地方大面积的出现是"全网首播""全网独播"的视频信息。

两家视频网站之所以信息组织上差别较大，与其定位的用户群及盈利模式相关，前者青年学生用户群体居多，盈利模式上广告收入较大，而后者白领用户居多，通过提供会员服务来增加收入。

第三，隐藏与转移。网页界面中要将不重要和不常用的功能隐藏起来，对于较为烦琐的功能内容可以分层或阶段性展示，彻底隐藏，适时出现。如国内某电游网站（见图4.23）导航栏的一级导航下的二级导航有固定区域，页面导航看起来略显繁杂，而电子游戏业巨头任天堂官网（见图4.24）功能十分强大，界面却十分简洁，它就是将信息都隐藏在导航菜单中，当鼠标悬停时能看到二级菜单，单击后跳转到二级页面。

图 4.23　国内某电游网站

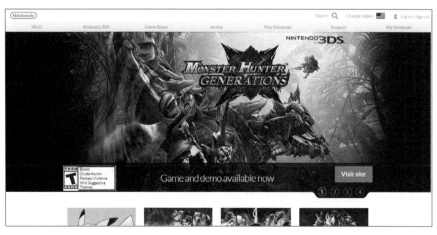

图 4.24　任天堂官网

图 4.24　任天堂官网（续）

4.3　案例——活动页面设计

本案例是某银行的"友财付"活动页面设计，通过单击首页的 Banner 区域的图片链接到活动页面，因此，除了设计此活动界面外还需多设计一个与界面风格一致、符合首页 Banner 大小的图片。

活动页面设计

> 注：本案例不涉及活动文案的撰写，重点是学习如何将信息组织到各个页面，每个页面又将构建怎样的结构关系。

第一步：理清活动内容，确定页面间的关系。

一、友财付简介：

"友财付"是友邦银行旗下的创新互联金融产品，为用户提供在线支付、生活消费、投资理财等互联网金融服务。利用手机号快速注册，可以立刻享受安全便捷的在线支付生活。

（友财付现已支持近百家银行卡快捷支付）

二、活动主题：呼朋唤友来注册，聚惠一夏就缺你

三、活动时间：2016 年 6 月 20 日—2016 年 7 月 20 日

四、活动内容：

1. 注册新享礼：成功注册"友财付"账户，你可获得：

①汉庭酒店的 300 元现金礼包；②58 到家 40 元家政代金礼券。

2. 福利翻倍，充就送：用户绑定任一银行卡，且完成单笔充费金额 ≥ 10 元（每位用户仅限一次），您可获得 100MB 手机流量礼包。

手机流量赠送针对移动、联通用户，电信用户可获得格瓦拉 10 元电影电子抵用券，每位用户仅限参与一次，数量有限，领完为止。

3. 分享送惊喜

分享本活动页面到微信朋友圈（也可以转发 QQ、新浪微博），集齐 3 个赞，将截图以及友财付用户名一起发送给"友邦银行友财付"微信公众号（ID：youcaipay），即可获得理财红包。

五、活动细则：文字略

该活动共涉及三个页面，即首页、活动页面和相关产品页面，三者的关系如下（见图4.25）：首页中的 Banner 是活动的入口，活动页面帮助用户进一步了解活动的详细内容，而相关产品页面是已有的，仅需要详细页面给一个链接，无需另行设计。

图 4.25　首页、活动页面和相关产品页面三者关系

首页 Banner 的尺寸大小（见图 4.26）为 230 像素 ×980 像素，不得任意更改。活动的详细页面尺寸没有详细要求，建议在高度上保留全局导航以上的高度（75 像素），也就是说从全局导航部分开始设计活动页面。这是为了方便尽量大的展示活动信息，当用户想跳转其他页面时可以单击 Logo 回到首页后再做下一步操作。宽度上建议背景图片设计时使用如 1920 像素的较大尺寸，以满足大屏浏览器的视觉需求。值得注意的是由于其他页面固定宽度为 980 像素，此时活动页面的重点信息应当集中在 980 像素以内。

图 4.26　首页 Banner 尺寸

第二步：绘制 Banner 与活动页面线框图。

在绘制线框图的过程中，要注意信息的优先级与用户视觉浏览习惯，此时的线框图不用追求细致，但要明确 Banner 上需要放什么信息与页面上要有什么功能。

Banner 是活动的一个快捷入口，其尺寸要求也受限，在有限的尺寸中，Banner 的稿图（见图 4.27）应放下活动的重要信息，如活动产品名称、活动主题、活动时间和活动内容关键字。

图 4.27　首页 Banner 的稿图

活动详细页面是用户通过 Banner 单击后了解活动具体内容的窗口，此时的信息应当与活动内容文案一致，还需要注明是什么产品（包括其广告语）并提供"友财付"的页面链接、扫描二维码关注微信等功能，以提高页面的转化率。活动页面线框图（见图 4.28）的信息布局不用遵循文案顺序，要突出活动主题，一般活动信息优先，"友财付"的介绍可以靠后。

图 4.28　活动页面线框图

第三步：调整页面信息内容分布，确定视觉风格。

活动页面的风格应当轻松愉悦、有亲和力，因此设计时可以打破中规中矩的信息布局方式。调整后的页面布局（见图 4.29）是将整个活动内容看成一场旅行，将活动一、活动二、活动三看作是这场旅行的不同阶段，摒弃过于拘谨的版式，绘制生动有趣的版面。

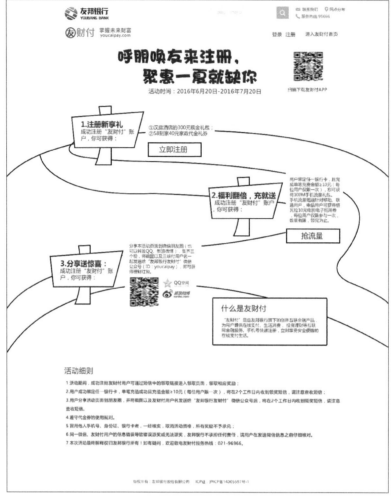

图 4.29　调整后的页面布局

第四步：调整视觉细节，视觉风格一致化。

活动内容如果是单纯的文字会显得十分呆板，让信息图形化、可视化会让页面更活泼、更具故事性，如将现金礼包信息图形化（见图 4.30 ）。

图 4.30　信息图形化

Banner 与活动页面任选其一先完成视觉设计稿，其后的设计延续之前的视觉风格。本案例率先完成的是活动页面视觉效果图（见图 4.31），Banner 最终视觉效果图（见图 4.32）是提取活动页面的视觉元素来完成的。

图 4.31　活动页面视觉效果图

图 4.32　Banner 视觉效果图

第 5 章
界面与布局

界面的布局原理
界面布局类型
原型的构建
案例——食品公司网站的界面改版设计

第 5 章　界面与布局

网站的界面与布局设计在用户体验中属于架构层的范畴，这一阶段需注意视觉艺术和交互体验的结合。它是在确定页面信息功能之后对每个页面内的空间分割，包括对导航、按钮、图片、文字等内容的设计。本章节从网页界面的布局原理切入，介绍界面布局类型、原型构建的方法步骤。其目的在于帮助大家根据网站性质特点来选择适合的布局类型，通过对界面信息在页面中形态、大小、位置、色彩关系的设计，大大提高用户梳理接收信息的效率。

5.1　界面的布局原理

5.1.1　对称与均衡

对称与均衡是自然界中一切生物求得生存的稳定形式。对称的特点是稳定、庄严、整齐、秩序、安宁、沉静，但过多的对称重复会使人觉得单调、呆板。从心理学角度来看，对称满足了人们生理和心理上对于平衡的要求，是网页设计艺术中经常采用的表现形式，具有重心稳定和庄重整齐的美感。

均衡是在对称的基础上发展起来的，它没有对称的结构，但有对称式的重心。它是由形的对称变为力的对称，体现了变化中的稳定。均衡的网页生动、活泼、富于变化，主要体现在两方面，一是文字、图像等要素在空间占用上的均匀分布；二是色彩的平衡，给人一种协调的感觉。

如 to do list 官网（见图 5.1），该界面通过对比、留白和布局来打造令人难忘的均衡感，其设计每个功能特点都是一张配图与一段文字，其中图片所占比例大而文字较小且四处留白，这种差异会让文字立刻吸引用户的注意力。

图 5.1　to do list 官网

5.1.2 重点与主次

根据视觉流程原理，采用容易扫视的方法安排整体版面，把重点内容和功能放在醒目位置，会让网页更易被阅读。针对国内用户从上往下、从左向右的视觉浏览习惯，我们常将网站公告以及一些关键要素如全局导航、局部导航以及一些常用的辅助导航（快捷入口）放在页面顶部或中上部。对于拥有海量信息的网站，首页尽量不要超过三屏，将目标用户最感兴趣的且与网站的营销目标最符合的信息放在首页首屏之内，其他次要信息可通过合理分类在首页提供辅助导航入口。

如 Huys-nyc 网站（见图 5.2）的界面重点就十分突出，归结其原因就在于该网页的全局导航一直固定在页面下方，而局部导航被隐藏在左侧的箭头图标中，这样就为主屏重点的大图信息留下大面积的展示空间。

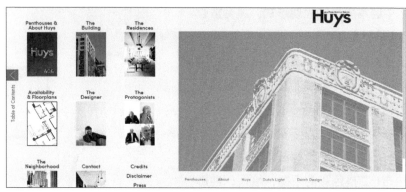

图 5.2　Huys-nyc 网站

5.1.3 变化与统一

变化与统一也称对比与统一，是形式美的总法则，两者的完美结合是网页界面艺术表现的重要因素之一。变化是在强调某种因素的差异性而造成的视觉上的跳跃；统一则是在强调物质和形式中种种因素间的一致性。变化与统一既相互对立又互相依存，舍去一方另一方就不复存在。只追求变化无统一的网页给人一种无条理、杂乱之感，只有统一无变化的网页给人一种呆板、无生气之感，只有将两者有机地结合起来才能形成既有区别又有内在联系的整体。

　　我们在设计网页布局时，可以使简单的造型产生丰富的变化，也可以将多样的造型变得统一，而最能使网页界面达到既统一又有变化的方法是控制版面构成要素的数量，并丰富其组合形式。

　　著名 Mac 平台设计软件 Sketch 的官网（见图 5.3）的设计就是个很好的例子，设计元素单纯、色调统一，深色和浅色被容纳到一个统一的页面设计中来。在第一屏中，你会注意到两个按钮，它们分别是深色的"免费试用"和浅色的"立刻购买"，两个按钮大小相当，并且处于同一个水平面上，"免费购买"的按钮被设计成为深灰色按钮，整体和深色背景几乎融为一体，而使用浅蓝色实底的"立刻购买"按钮和背景构成了鲜明的对比，相当的显眼。当你打开页面的时候，会一眼注意到购买按钮，这就是通过大量的留白和合理的对比营造出来的视觉引导。

图 5.3　Sketch 官网

　　如果你再接着浏览，你会发现页脚（见图 5.4）也采用了相似的设计。Sketch 希望你在输入邮件地址之后尽快提交，所以提交按钮布置得同输入框非常近。值得注意的是，提交按钮的色彩和首屏"立即购买"按钮的色彩保持着一致，成功吸引用户的注意力，有效引导大家去单击。

图 5.4　Sketch 官网页脚

5.2 界面布局类型

5.2.1 固定布局

固定网页布局（见图 5.5）是指网站内容被一个固定宽度的容器包裹，容器内的区块以像素作为页面的基本单位，只需设计一套尺寸，也只展现一种布局。固定网页布局不管用户使用的是 PC 端还是移动端，也不管屏幕分辨率如何变化，大家看到的都是固定宽度的内容。

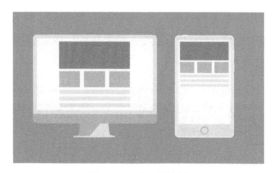

图 5.5 固定网页布局

不足：不能根据用户的屏幕尺寸做出不同的表现，大屏幕上会出现大量空白，而小屏幕上可能会出现水平滚动条影响用户体验。

如旺旺集团的官网（见图 5.6）采用了该布局方式，其二级页面固定宽度布局为 1093像素，无论用哪种设备浏览该网站，其布局都不变，可是用手机查看时网站时界面却未能全部显示完整。

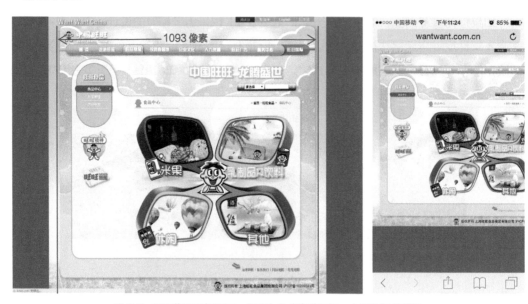

图 5.6 旺旺集团二级页面，左图为台式电脑显示，右图为手机显示

5.2.2　流动布局

流动网页布局（见图 5.7）是将大多数组件（包括主容器）都以百分比的形式作为页面的基本单位，根据用户的屏幕分辨率自适应，完美地利用有效空间展现最佳效果。使用这种布局方式，无论终端分辨率尺寸如何变化，网页都能自适应宽度。不过，单纯地使用流动布局的页面比较少见，它可以搭配固定布局的局部功能使用，还可以为响应式布局提供局部版式的自适应。

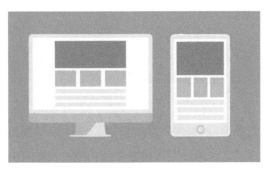

图 5.7　流动网页布局

不足：宽度使用百分比定义，而高度和文字大小等大都是用 px 来固定，在较大分辨率下的显示效果会变成有些页面元素宽度被拉得很长，但是高度、文字大小还是和原来一样（即这些东西无法变得"流式"），显得非常不协调。

如国外某后台管理界面（见图 5.8）布局上就结合了固定布局与流动布局两种方式：其左侧全局导航固定宽度为 235 像素；右侧内容区域则运用了百分比的形式来控制各元件的宽度，最终保证了不同分辨率设备上视觉空间的均衡布局。

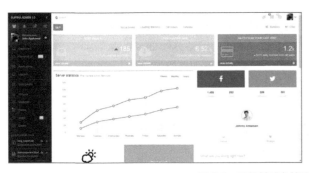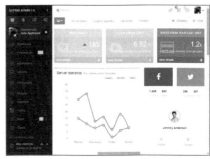

图 5.8　国外某后台管理界面

5.2.3　响应式布局

响应式网页布局（见图 5.9）是分别为不同的屏幕分辨率终端所定义的布局。其布局原理是网页根据屏幕或浏览器的宽度选择最合适的那套进行布局，同时在每个布局中应用流式布局的理念，让页面元素宽度随着窗口调整而自动适配。

不足：一是由于代码素材多，导致加载速度慢；二是响应式布局适用的网站类型有限。

由于它的特点是适应不同终端、不同尺寸屏幕分辨率上的信息版式布局。由于图片、文字信息的栅格响应比较容易，因此响应式布局比较适用于内容较少、结构简单的公司活动宣传网站，而不适用于内容、功能复杂的电子商务类网站等。

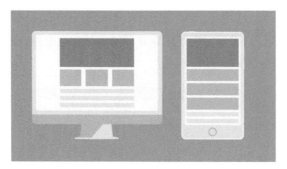

图 5.9　响应式网页布局

如星巴克官网（见图 5.10）就使用了响应式网页布局，即便是使用不同的终端、改变浏览器的宽度，其页面版式也会通过字段自动换行，图片自适大小变化而呈现出与设备宽度匹配的最佳状态。这种因宽度判断的不同界面布局自适应地改变的节点被叫作断点。目前大多网站选择响应式断点的设计模式，主要有基于设备和内容优先两种。

图 5.10　星巴克官网

第一种基于设备的模式是通过主流设备的类型及尺寸来确定布局断点（见图 5.11），从而设计多套样式，再分别投射到响应的设备。如你的页面主要兼容的设备为手机、平板、桌面电脑 3 种，那么就需要根据主流手机分辨率尺寸设置两个断点。下图中设置的断点是 720 像素与 990 像素，即若你的屏幕宽度小于 720 像素的将会出现 A 的版式，而当宽度大于等于 720 像素且小于 990 像素的将会出现 B 的版式，大于等于 990 像素则会显示 C 的版式。

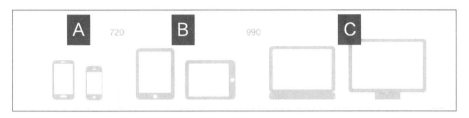

图 5.11　基于设备确定断点

第二种基于内容优先的模式是根据内容的可读性、易读性作为确定断点的标准（见图 5.12），下图从小到大共设计了 A、B、C、D 4 种版式，在对内容进行布局设计的时候，我们首先是基于内容来决定何时需要采用不同的呈现方式，再参考设备的物理尺寸，最终确定断点数值分别为 360 像素、720 像素、1080 像素。

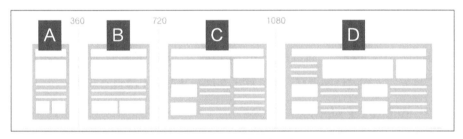

图 5.12　基于内容确定断点

5.3　原型的构建

5.3.1　确定页面尺寸

浏览网页的平台主要分为桌面端（PC 端）和移动端，其中桌面端设备包括台式计算机、笔记本电脑，而移动端设备包括智能手机、平板电脑等，两种设备主要特征对比（见表 5-1）如下。

表 5-1　两种设备主要特征对比

	桌面端	移动端
设备物理尺寸	大	小
设备输入 / 输出	键盘、鼠标、触控区、摄像头（只能拍用户），定位（只能粗略标识位置）	语音系统、触屏、按键、重力感应、光环境感应、摄像头（可拍到任何景物）、定位（能精确识别位置和方向）
信息输入 / 显示 / 存储	输入 / 显示 / 保存大量信息	输入 / 显示 / 保存少量信息

	桌面端	移动端
传输速度	能适当加快数据传输速度	很难加快数据传输速度
辅助硬件	无线连接、有线连接、蓝牙	无线连接、蓝牙
使用方式	适合坐下来使用	随时随地使用

从交互的角度而言，桌面端与移动端的区别可以概括为以下3点。

操作方式不同

桌面端主要的交互为鼠标单击事件，其交互动作简单，大多为不同页面的切换与跳转，交互通道以视觉为主，偶尔会有听觉辅助。移动端的交互为与人的身体接触的方式，主要交互通道为触觉上的单击、双击、长时间按、滑动等，这是两者交互的本质区别。

使用场景不同

桌面端的使用场景一般较为固定，室内或办公室，电脑移动的概率较小。移动端则可在很多场景下使用，比如坐地铁、坐公交车、吃饭、睡觉等，因此移动端要考虑的交互更多。

网络环境不同

桌面端的网络较为稳定，可以是无线也可以有线，出现异常情况的概率相对较小。移动端很多时间处于无线数据网络状态下，网络状况随着地点不同有所变化。

5.3.2　页面设计的优先级

项目无论是从小屏幕入手过渡到大屏幕（移动端优先），还是从大屏幕入手过渡到小屏幕（桌面端优先），其区别并不大。但是随着移动端设备的用量超越桌面端，移动端的网页浏览无疑已经成为用户获取信息的主要渠道，移动端优先的设计自然应该成为常态。相对于桌面端设计优先，率先设计适配移动端的网页更能令开发设计人员清晰梳理功能的优先级，从而降低整套网页设计的复杂性。

5.3.3　线框图设计

网站线框图（见图5.13）是低等保真的设计图，它既是设计图的核心，也是原型设计的前身，其承载着产品所有重要的部分。线框图主要用于产品开发初期的功能展示与讨论，因此图内应当明确表达出页面功能内容和页面间的信息架构及用户交互界面的主视觉和描述。

绘制的线框图可以是手绘效果图，也可以是电子稿，但无论是哪一种表现形式都不用在意细枝末节，只需要使用线条、方框和灰阶色彩填充（不同灰阶标明不同层次）就可以完成。

有的设计师喜欢提高线框图的保真度并快速展示页面间的关系，让各静态的线框图呈现出可以单击交互的状态，这种线框图叫作交互式线框图（见图5.14）。它可以运用如Axure（见图5.15）、UXPinBalsamiq等交互软件去完成，即便你不会代码也能轻松实现线框图的简单交互效果。

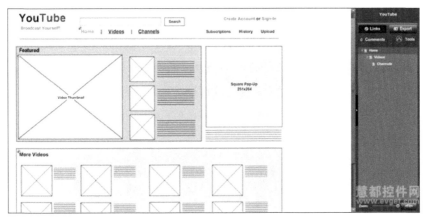

图 5.13 网站线框图

图 5.14 交互式线框图

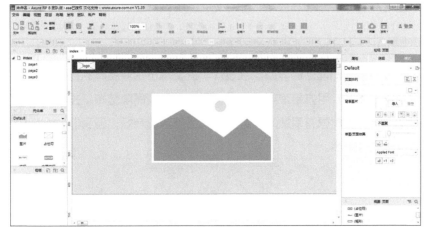

图 5.15 Axure 界面

5.3.4 原型设计

网站原型是中等保真的设计图（见图 5.16），要求比线框图和可交互式线框图要高，它要求尽可能真实地模拟用户和界面之间的交互。如当一个按钮被按下的时候，相应的操作必被执行，对应页面也必须出现，尽可能地模仿完整的产品体验。

图 5.16　网站原型

在视觉上，主色调和主视觉必须到位，重点内容理应呈现出来，信息分类和版式设计也应该在合理范畴以内，单击相应的元素之后，原型也应出现对应的交互回馈。

原型应该尽可能模拟最终产品，就算长得不是一模一样，交互应该精心模块化，尽量在体验上和最终产品保持一致。

5.4　案例——食品公司网站的界面改版设计

本案例是某食品公司网站的界面改版设计，主要用于企业品牌的宣传，并不涉及电子商务，甲方希望能兼容移动手机端和桌面电脑端，并重新确立视觉风格。虽然原有网站的内容范围已经基本确定好，但我们仍然需要对其优先级排序。

食品公司页面的改版设计

注：本案例只涉及网页界面改版设计的关键步骤，并非响应式布局设计与制作的全过程。

第一步：理清网站信息结构（见图 5.17），罗列功能的优先级。在原版网页的基础上，整理网站原有的信息，并结合新的功能需求，拟定新的网站信息结构。该网站的主要功能页面如下。

（1）首页：包含广告条（Banner）、大记事（视频）、企业新闻、特色产品展示。

（2）品牌介绍页：包含企业文化、企业理念、企业发展、在线招聘。

（3）产品展示页：共有十种类型的产品，每个类型的产品下又有不同口味产品的详细介绍。

（4）品牌活动页：包括新品推广活动、限时优惠活动、近期新闻。

根据网站信息结构，撰写需求文档，便于我们进一步确定网站的具体功能内容。

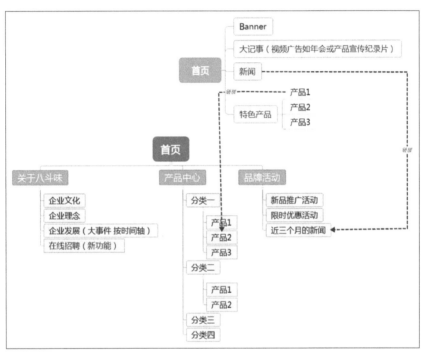

图 5.17　网站信息结构图

第二步：确定所兼容的设备，绘制线框图。本网站需要兼容移动端和桌面端两个平台，因此我们只需要设置一个断点，设计两个界面版式。笔者设计的断点是 768 像素，大于 768 像素的即为桌面端界面版式，小于等于 768 像素的则为移动端界面版式。

此时，建议遵循从小屏到大屏设备的设计顺序，根据内容的优先级、参考主流设备，画出移动端、桌面端关键界面的线框图。笔者先绘制的是手机端的首页、产品列表页和产品详细页面的线框图（见图 5.18），紧接着再绘制桌面端三个关键页面的线框图（见图 5.19）。在绘制桌面端的 3 个页面时，应当让隐藏的导航功能展现在桌面上，方便用户选择单击，如列表页面可以增加左侧固定导航。最后将静态线框图放在原型软件中，制作成可交互式线框图（见图 5.20），方便项目初始的功能结构讨论。

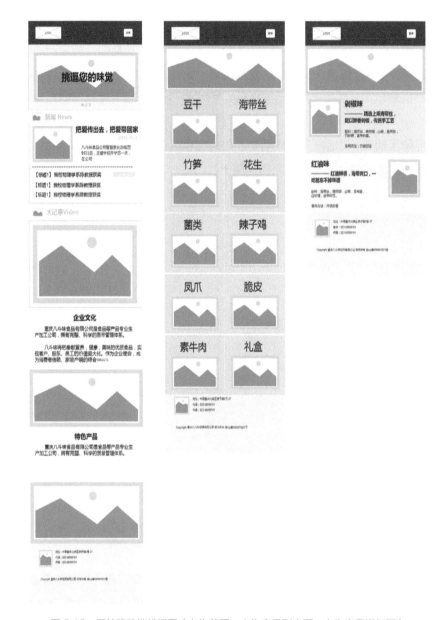

图 5.18　网站移动端线框图（左为首页，中为产品列表页，右为产品详细页）

　　需要注意的是在本改版页面的案例中，先确定小屏的界面版式能帮助我们更清晰地确定该页面中功能优先级。但对于已有大屏的界面需要改版加入手机端的响应式布局，则是需要在当前桌面端的基础内容上进行概括提炼再设计小屏移动端界面。

　　第三步：原型绘制。此时重点是完善关键界面的视觉布局。设计移动端与桌面端的视觉没有特定先后顺序，如先设计移动端（见图 5.21）有助于视觉色调的把控，先设计桌面端（见图 5.22）有助于某些功能视觉细节的推敲。但必须注意页面与页面之间各个导航元素的一致性，尤其是文字、图片的弹性大小变换。无论是移动端还是桌面端都需要在终端上测试，以查看视觉体验。

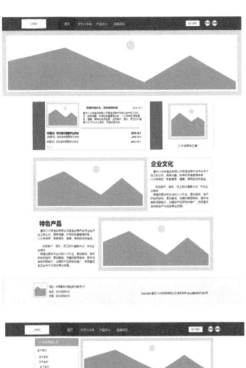

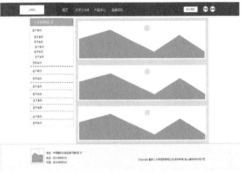

图 5.19　网站桌面端线框图（左上为首页，右上为产品列表页，左下为产品详细页）

图 5.20　网站可交互式线框图（左图为移动端，右边为桌面端）

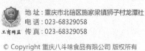

图 5.21　网站移动端原型

图 5.22　网站桌面端原型

　　紧接着就是利用交互软件制作可交互式原型（见图 5.23），生成 HTML 文件，让静态界面实现交互并用于测试。

图 5.23　网站可交互式原型

第6章
视听元素

文字
图片
色彩
多媒体
动效
案例——天猫商城店铺界面设计

第 6 章　视听元素

网站视听元素的选择是视觉设计的基础。本章节详细介绍了文字、图片、色彩、多媒体、动效五种视听基础元素在网页中的表现特征，通过学习本章节，读者将学会在不同网站场景、不同元素中选择合适的表现方式，整合各元素的优势，为网站的表现效果奠定扎实的基础。

6.1　文字

在网页界面设计中，文字是最重要的构成元素之一，具有比其他视觉元素更加易于辨识、信息传达明确的优点。因此，在网页界面设计中，字体的设计不仅要考虑到界面的总体设想，更要考虑到浏览者的情况。

6.1.1　字体的选择

不同操作系统都有不同的字体系统，而浏览器是用本地系统字库显示页面内容，大多数浏览者的系统里只装有几种常见的字体类型，设计的特殊字体在浏览者的系统里并不一定能看到预期效果。

在平面设计中常以字体能被修饰与否将字体分为衬线字体与无衬线字体（见图 6.1），衬线字体就是类似于中文的宋体，英文的 Times New Roman 等，其特点是在字体边角会多出一些修饰，可以清晰地分辨出字母和文字，分辨笔画的起始和终止，适合大段正文文字的阅读。无衬线字体则是类似于中文的黑体，英文的 Arial 等，这种文字看起来很干净整齐，同等字号的字体无衬线字体视觉感受更大，因此适合大标题显示。

图 6.1　衬线字体（左）与无衬线字体（右）

网页字体中中文一般显示为默认字体宋体，还可以根据代码定义显示出黑体，而高级浏览器中能兼容微软雅黑。英文能兼容的字体较多，常用的有 Arial、Times New Roman 字体。虽然网页字体显示的局限性给界面设计带来一定的束缚，但默认字体却能保证快速准确地下载网页文本，还能保证其能在任何操作系统和浏览器里正确显示。

6.1.2 文字的可读性

虽然浏览器有默认的字体设置，对字体的显示进行了规范，但这并不意味着字体就拥有较佳的可读性。影响文字可读性的有字体样式、间距这两大因素。

字体样式

字体样式包括字体的大小，颜色，字形是常规、还是倾斜或加粗效果等。目前，在桌面端网页界面中正文大小一般为 12 像素、13 像素，最小不小于 11 像素，小标题为 14 像素，大标题为 16 像素，最大字体不要超过 18 像素。由于奇数字号显示在较早版本的浏览器中会出现锯齿状，所以经常采用偶数字号。如世界自然基金会网站（见图 6.2）其字体全部为微软雅黑，其中最大字体为 Banner 上的大标题 18 像素，中等字体为新闻标题 16 像素，正文字体为 12 像素，而其全局导航中的带阴影效果的特殊字体以及每个栏目的标题实际上用的是图片。

图 6.2 自然基金会官网

字体的颜色要与背景有一定的对比度，如白底黑字、黑底白色。网页中大段文字通常使用黑色、灰色以符合大众口味，而小面积需要引起注意的文本文字可以使用其他色彩进行强调。因为色彩可以使得文本不受位置的局限，加强或者减弱文本的表现强度，还能使页面文本产生视觉导向。如果壳网搜索结果页面（见图 6.3），常规文字都是用浅灰色文字，标题文字为蓝色，而标题、正文与关键字重合的文字用红色，跳跃的颜色能让界面文字更具可读性。

图 6.3　果壳官网

但也不能随便地使用过多色彩，特别是蓝色，因为蓝色代表着网页中的超链接，如果网页中有一段蓝色的文字，会让人误以为是可以单击的超链接。

字体的字形样式主要包括常规、粗体、斜体等，正文中的字体宜采用常规样式，标题宜采用加粗或斜体样式。合理的运用字体样式，将更有利于文字的视觉传达，更有利于浏览者的阅读。

2 间距

间距包括文字的字距、行距等。字距与行距的处理能直接体现网页设计的风格与品位，也能够影响用户的视觉和心理感受。根据文本的内容及体量选择适当的间距，不仅能提高文字的可读性，还能营造出特殊的氛围。如每日一读网页（见图 6.4）文章的标题、正文的字距和行距都较大以营造一种轻松、舒展的气氛，十分易于阅读。

图 6.4　每日一读官网

行距可以说是让字有了呼吸空间。行距的常规比例为 10:12，文字大小为 10 像素，则行距 12 像素。一般来说欧文视情况取 1.2~1.5 倍行距，而中文一般公认是 1.5 倍行距为宜（见图 6.5），适当的行距会形成一条明显的水平空白条，以引导浏览者的目光，若行距过宽则会使一行文字失去较好的延续性。如每日一读的正文部分（见图 6.6）就是增加了行距，如果我们采用系统默认的 1.2 倍行距读错的可能性就会大幅增加，丢失了阅读的方向感。

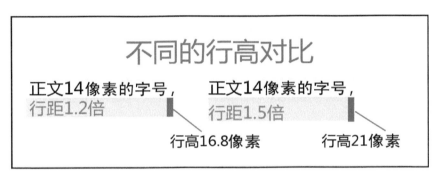

不同的行高对比
正文14像素的字号，
行距1.2倍
正文14像素的字号，
行距1.5倍
行高16.8像素
行高21像素

图 6.5　行距

正常字距、行距
有个朋友和我说过这样一件事：她的先生偶然去菜场买鱼，在讨价还价的时候，被卖鱼人抢白："你的夫人总是在我这儿买鱼，她从来不问价。她是我的老客，我都是给她最新鲜的鱼，最便宜的价！"这位先生疑惑："你怎么知道我的夫人是谁？"卖鱼人说："她每次付钱，打开钱包，我就会看到你的照片，看过多少次了，我认识你！"
字距、行距均扩大
有个朋友和我说过这样一件事：她的先生偶然去菜场买鱼，在讨价还价的时候，被卖鱼人抢白："你的夫人总是在我这儿买鱼，她从来不问价。她是我的老客，我都是给她最新鲜的鱼，最便宜的价！"这位先生疑惑："你怎么知道我的夫人是谁？"卖鱼人说："她每次付钱，打开钱包，我就会看到你的照片，看过多少次了，我认识你！"

图 6.6　行距

6.1.3　文字编排的艺术性

如果你需要用一种特殊的字体来体现你的风格，那么特殊字体或艺术字体最好以图片的方式置入网页。Kim the movi 官网（见图 6.7）字体就是用图片来代替的，以保证所有人看到的页面是同一效果。但这无形中增大了网页的体积，这样的图片多了会延缓网页打开速度。

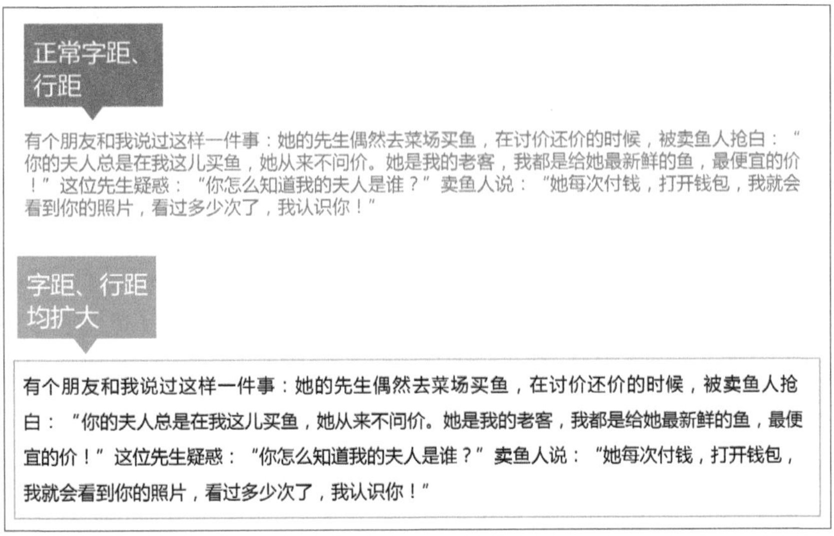

图 6.7　Kim the movi 官网

6.2　图片

图片是随着文字最早进入网络多媒体的对象。有效的图片设置能极大地丰富、美化网页界面。随着带宽以及用户屏幕尺寸的增加，越来越多的网站在页面中使用大幅图片，人们也更倾向浏览有精美图片的网站。

6.2.1　图片的选择

不同类别的网站对图片的需求各不相同，这主要体现在对图片类型的选择和图片在界面中的比例大小上。按照图片的获取方式，其类型大致分为摄影类与矢量类。

摄影类图片来自摄影，图片能够直观地表现主题，侧重于如实地表现产品本身，因此，电子商务类网站尤其青睐高清的摄影类图片。如 Lecoqsportif 官网（见图 6.8）的所有图片均为服装鞋类的真实照片拍摄，且对图片质量要求很高。对于重要信息，详情页面会给出高清的细节图片，帮助用户多方位了解商品的属性、细节及产品上身效果。

图 6.8　Lecoqsportif 官网

矢量类图片是用图形软件绘制的。该类图片风格多变，尺寸大小灵活，具有很强的装饰性。许多抽象图形、图表、图标都属于矢量类图片。如英国能源 Evoenergy 消费指南网站（见图 6.9）中，其背景大量使用矢量插画图片，图形概括，色彩搭配亮丽，将枯燥的能源消耗数据用矢量插画的形式展现，使得图表信息可视化、趣味化。

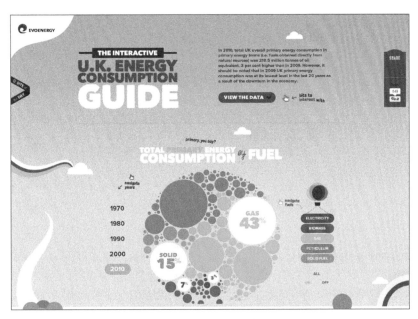

图 6.9　Evoenergy 官网

再如 Mailbakery 网站（见图 6.10），它使用了大量精致的卡通矢量图来宣传它们定制化的邮件服务。当鼠标单击并切换第一屏下方不同的导航图标时，上方 Banner 区域就被替换成相应的图片内容，令用户容易理解，过目难忘。整个网页无论是表现网站形象的 Banner 图片，还是导航图标都因统一运用矢量插画的方式而令其视觉风格上达到了高度统一。

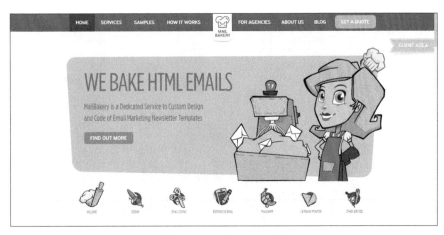

图 6.10　Mailbakery 官网

现如今无论是摄影图片还是矢量图片，使用大图作为网页背景越来越受欢迎，有的甚至是全屏图片。如 Martina Sperl 家居网站（见图 6.11）首页将整个背景都铺满了大图，全局导航固定在界面右侧，其目的是让用户完全沉浸在美好的家居生活中。在其 lookbook 页面中同样也使用了全屏图片背景，它模拟杂志的版式，巧妙地将界面一分为二，当用户单击左侧场景内某个家居商品时，右侧则会出现该商品的单品图，若感兴趣还可单击右侧单品图进入该产品的详细页面（见图 6.12）。

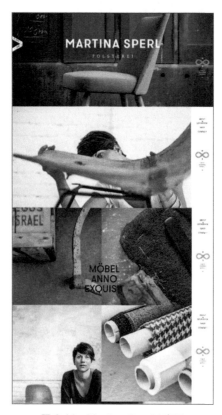

图 6.11　Martina Sperlrl 官网

图 6.12　lookbook 页面

虽然适当使用摄影图片来做网站背景可以提升网页的视觉效果，但图片的加载还是多少会影响网站速度，因此这种布局较适用于结构简单的品牌企业网站、时尚类网站、专题网站等。

6.2.2 格式与优化

网站中图片的格式类型以放大后是否能清晰地显示为维度，可分为位图格式与矢量图格式两种。

▊ 位图格式

位图格式是网页设计中最常用的图片格式。图片有自己固定的尺寸大小，放大后不能清晰显示。如果将一个网页"另存为"，会看到文件夹中保存大量的 JPG、PNG、GIF 各种格式的图片（见图 6.13）。

图 6.13 各类图片格式

这 3 种格式是位图中最典型、也是最具代表性的格式，它们有着各自的优点，设计师切图输出时必须根据图片本身需求，选择恰当的格式。JPG、PNG、GIF 3 种图形格式类型特点对比如下。

（1）JPG 是一种有损压缩的格式，它能够将图像压缩在很小的储存空间，以 24 位颜色存储单个光栅图像，支持 2^{24}（约 1670 万）种色彩，非常适合储存像素色彩丰富的图片、照片等（见图 6.14)，这些图片即使有轻微的失真也不容易轻易察觉。但 JPG 不适合用来储存有清晰边缘的线条图、图标或文字等图片。

图 6.14　JPG 格式图片

（2）GIF 是一种无损压缩的格式，它限制了色彩表现能力、能够有效地节省文档存储空间。GIF 只拥有 8 位的颜色深度信息，支持 2^8（256）种色彩。当图片中的色彩在256 色以内时，使用 GIF 可以得到相当好的输出质量，同时兼顾了文件大小。因此 GIF非常适合用来表现扁平化图标（见图 6.15）、线条插画、文字等部分的输出，同时还支持全透明静态图片以及动画图片格式，能兼容所有浏览器。

图 6.15　GIF 格式的扁平图标

以一张 450 像素 ×390 像素的照片切图为例，分别输出 JPG、GIF 两种格式（见图6.16）来做个对比。两张图的清晰程度相当，但 GIF 格式中的渐变色呈颗粒状，文件大小为 92.4KB，JPG 格式渐变色过渡自然，文件大小仅为 26.4KB，显然 JPG 格式更适合储存色彩丰富具有渐变色的照片图像。

JPG- 照片色彩鲜艳，渐变色细腻　　　　　GIF- 照片色彩鲜艳，渐变色颗粒状
文件大小：26.4KB　　　　　　　　　　　文件大小：92.4KB

图 6.16　JPG 格式（左）和 GIF 格式（右）

PNG 分为 PNG-8 以及 PNG-24 两种格式，后面的数字是代表这种 PNG 格式最多可以索引和存储的颜色值。"8" 代表 2^8 次方也就是 256 色，PNG-8 与 GIF 图片显示的特性十分接近。"24" 则代表 2^{24}（约 1600 多万）种色彩，也就是说即使遇到色彩丰富的渐变色 PNG-24 也能清晰显示。

在透明度上 PNG-8 与 GIF 一样，支持图片的完全透明与完全不透明；而 PNG-24 格式支持图片全透明及半透明显示。这里的透明图片类似于 PS 源文件中的一个图层，图像以外的空间不显示。全透明与半透明的区别在于全透明的 alpha 值为 0，放置网页上为一个完整、不透底的图；半透明的 alpha 值可以任意设置，如同一个水印。如都可饮品的网站（见图 6.17），推荐饮品的文字背景与 coco 透明塑料瓶都均为 PNG-24 格式，透过两个图片均能看到底下的木纹肌理。

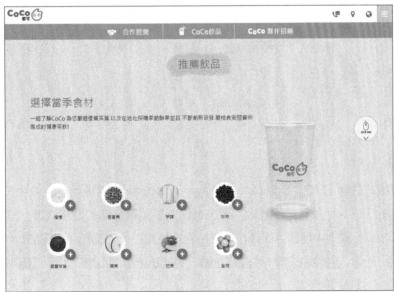

图 6.17　都可官网

虽然 PNG-8 和 PNG-24 都支持全透明图片，但存储的效果却大不一样，如果将一个蛋糕的图片存成两种 PNG 格式（见图 6.18），放在一个背景色上，对比效果会发现 PNG-8 格式图片周围会有白色的杂边，内存占用大小为 25.6KB，而 PNG-24 格式的图片周围光滑、干净，内存大小为 101KB。由此可以看出貌似完美的 PNG-24 格式不足之处就是该格式文件所占空间较大，因此图片在选择切图格式时要平衡图片质量与其所占空间。

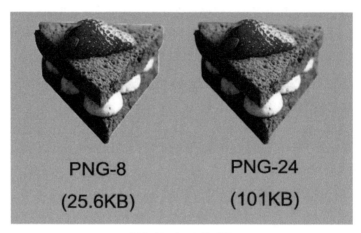

图 6.18　PNG 格式图

3 种静态的位图格式属性特点对比如表 6-1 所示。

表 6-1　3 种静态的位图格式属性特点对比

格式		最高支持色彩通道	透明支持	浏览器支持	适合的图片类型
JPG		约 1670 万色	支持不透明	支持	写实的摄影图像或是颜色层次非常丰富的图像
GIF		256 色	支持不透明、全透明	支持	图像上颜色较少
PNG	PNG-8	256 色	支持不透明、全透明	支持	图像上颜色较少
	PNG-24	约 1670 万色	支持不透明、全透明、半透明	仅高级浏览器支持	支持所有静态图形类型

2 矢量图格式

矢量图格式的有 SVG（Scalable Vector Graphics）。其特点一是文件体积小，二是能够被大量的压缩，图片可无限放大而不失真，能够实现互动和滤镜效果，三是此格式既支持设计师在设计软件中设计后保存，还支持程序员通过代码直接生成图形。

如在 Illustrator 软件中设计一个 200 像素 ×200 像素西瓜的图片，将图形分别保存为 JPG、GIF、SVG 3 种格式。

先对比 JPG、GIF 两种格式（见图 6.19）效果，两张图的清晰程度相当，JPG 格式的图片默认背景为白色，文件大小为 6.06KB，GIF 格式的图片背景为全透明，文件大小为 2.68KB。而储存为 SVG 格式的图片仅有 2KB，用浏览器打开时能随着浏览器的窗口的扩大而扩大，图片依然清晰。开发与设计人员均可在 SVG 格式中更改代码来调整图形的样式（见图 6.20）。

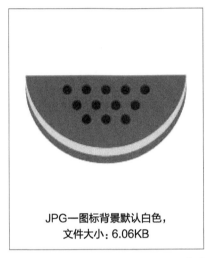 

JPG—图标背景默认白色，
文件大小：6.06KB

GIF—图标背景全透明，
文件大小：2.68KB

图 6.19　JPG 格式（左）和 GIF 格式（右）

图 6.20　SVG 格式（上）图像（左）代码（右）

6.2.3　图像的肌理

肌理，又称质感，由于物体的材料不同，表面的排列、组织、构造等不同，因而产生粗糙感、光滑、软硬感不同，不同的质感和肌理，会使人产生不同的心理感受。如 rosa 网站（见图 6.21），网站的桌面肌理背景营造一种进餐的氛围，增强食欲感。

I do 官网（见图 6.22）钻石戒指选用银色的丝绸作为背景营造出戒指温柔的品质。

Thenestonline 网站（见图 6.23）大面积的木纹背景营造出一种复古的氛围。该品牌的产品以牛皮纸张作为衬景，烘托出产品的纯天然、朴素的特点。

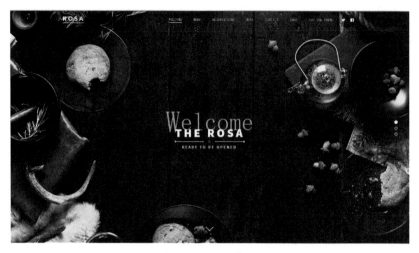

图 6.21　rosa 官网

图 6.22　I do 官网

图 6.23　Thenestonline 官网

6.3　色彩

6.3.1　色彩的模式

设计师最常用的色彩模式有 CMYK，RGB 这两种。CMYK 是青色（Cyan）、洋红（Magenta）、黄色（Yellow）、黑色（Black）的缩写。CMYK 是一种依靠反光的色彩模式，它需要由外界光源照射在物体上再反射在我们的眼中，是一种基于印刷的色彩模式。

RGB 分别是红（red）、绿（green）、蓝（blue）的英文缩写，RGB 是基于发光体的色彩模式，比如电脑屏幕、电视机、太阳光等。RGB 色彩模式给图像中每一个 RGB 分量分别分配一个 0~255 的强度值。

要指定网页上的颜色，就要使用 RGB 模式来确定。方法是分别指定 R、G、B 三种色彩的强度，最低的强度数值为 0，最高强度数值为 255，并通常都以十六进制数值表示，如 255 对应的十六进制就是 FF，把三个数值依次并列起来以"#"开头，如 R-255、G-255、B-255，其对应的十六进制色就是"#ffffff"，也就是白色（见图 6.24）。

6.3.2　色彩的情感

不同的颜色有不同的色彩情感，它能传递出不同的视觉印象，大多数网站都有自己的主色调，同样的主色搭配不同比例的辅助色也会产生不同的心理感受。

红色是一种激奋的色彩，具有刺激效果，能使人产生冲动、愤怒、热情、活力的感觉，它在很多文化中代表的是停止的信号，用于警告或禁止一些动作，很多停止的图标（见图 6.25）用的就是红色。

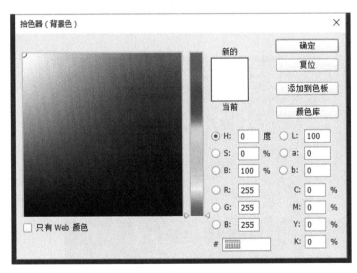

图 6.24　白色 RGB 值

您的连接不是私密连接

图 6.25

红色色相上轻微的不同明度、饱和度差异分为：品红、朱红、宝石红、洋红等。不同比例的搭配更可能会产生出截然不同的效果。如可口可乐网（见图 6.26）中鲜红色与无色系并且明度最高的白色组合，更加凸显红色本身的活力与热情。

图 6.26　可口可乐官网

而 Toki 网（见图 6.27）中的深红色可以唤起可靠感，深红色搭配黑色更能突显该餐饮品牌的专业性，同时深红与黑色的搭配也与戏剧院的幕布有异曲同工之妙，具有一定的戏剧性。

图 6.27　Toki 官网

　　橙色也是一种激奋的色彩，具有轻快、欢欣、热烈、温馨、时尚的效果。一些主要经营创意设计的网站，如 Maad 网（见图 6.28）就采用了橙色作为主色系，从而表现年轻活力的调性。橙色有时候也用于提示，如微博上一些含有一定提示功能的图标（见图 6.29）就采用了橙色。

图 6.28　Maad 官网

图 6.29　提示功能图标

　　黄色是所有色相中最能发光的颜色，给人轻快、透明、辉煌、充满希望的色彩印象。如设计师 Jan Mense 个人网站（见图 6.30）采用时尚醒目的柠檬黄配以黑色，不仅使黑色文字内容无比的醒目，还闪烁着黄色特有的智慧、时尚的光芒。

图 6.30　Jan Mense 官网

　　Kre Sko 网（见图 6.31）采用了中黄色作为主色调，少量的红色用于强调，使得整个页面主次分明，另外灰、白色的穿插使得画面十分和谐。黄色快乐、甜美的特色在这个产品中被体现得淋漓尽致，符合该休闲品牌的特性。

图 6.31　Kre Sko 官网

此外，黄色也是一个可见度高的色彩，一些警告健康安全和设备危险的信号（见图 6.32）也选用黄色。

绿色是自然界中最多的颜色，它能够唤起一种人类对于自然的本能意识。绿色代表着通行、准许通过的意思，因此很多常用于开始按钮和下载按钮（见图 6.33），还有成功提示页面等。绿色给人以和睦、宁静、健康、安全的感觉。

图 6.32　危险信号图标

图 6.33　按钮示例

如 360 网（见图 6.34）选用绿色作为主色调，不仅能营造出清爽、自然、宁静的界面，还能让访问者感到使用 360 系类产品的安全性，增加网站的亲切感。

图 6.34　360 官网

JF 家具网（见图 6.35）站采用橄榄绿作为主色调，添加类似于泥土的褐色，仿佛闻到了大自然的芬芳，极好地反映了该品牌绿色环保的特色。

图 6.35　JF 家具官网

蓝色是最具凉爽、清新、专业的色彩，蓝色天生冷静，能够给人以安全感，但是它同样有着优雅和活泼的一面，在很多领域都将它和白色混合，能体现柔顺、淡雅、浪漫的气氛。Skype 网（见图 6.36）用天蓝色搭配白色、蓝色显得清新雅致，传达出一种享受 Skype 产品时的轻松愉悦之感。

图 6.36　Skype 官网

fork-cms（见图 6.37）内容管理系统借助海水蓝睿智沉稳的属性突出公司可靠的特点，而明黄色、白色的点缀又让整个页面显得明快、活泼起来。

图 6.37　fork-cms 官网

　　紫色是由温暖的红色和冷静的蓝色化合而成，被认为是一种优雅高档的色彩，常用于表现商品的奢华和高贵。紫色同时也是很多艺术家都喜欢的色彩。

　　Dimchevski 网（见图 6.38）选用粉紫色的渐变，梦幻华丽的色彩给人神秘、变幻莫测的视觉心理感受，大面积的深蓝色又给以优雅、安定感。

图 6.38　Dimchevski 官网

　　Eagle rock 学校网（见图 6.39）以纯度较低的青莲色与小面积的绿色作为网站的主要用色，传递出该学校稳定、可靠、优质教学的特色。

图 6.39　Eagle rock 官网

6.3.3　色彩组合

色彩对情感有着巨大的冲击，色彩的搭配无穷无尽，可以玩多彩风格，也可以极简配色。按照色彩的多少来分类，大致分为无色系配色、单色配色、2-3 色配色、多色配色四种类型。

无色系配色

黑白是最基本和最简单的搭配，白字黑底、黑底白字都非常清晰明了。灰色是万能色，可以和任何彩色搭配，也可以帮助两种对立的色彩和谐过渡。如果你实在找不出合适的色彩，那么用灰色试试，效果绝对不会太差。

Velvet 网（见图 6.40）无色系这个作品展示页是一个典型的单色设计，抽象的图形使得它看起来不那么接地气，而这种独特的设计美学可能更容易被那些经过专业训练的用户所欣赏，这个网站是相当值得探索和研究的。

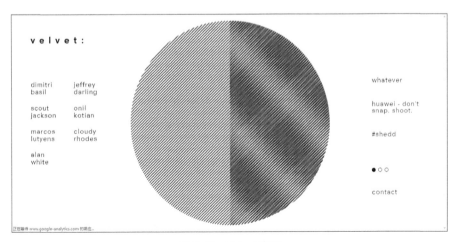

图 6.40　Velvet 官网

2. 单色配色

单色配色是指一种颜色与无色系（黑白灰）的搭配，在色彩上进行不同的明暗渐变，或是贯穿全站的单一色彩。数字服务机构 isobar 网（见图 6.41）就是用一个橙色加上黑白无色系来搭配设计，需要强调的地方用橙色。

图 6.41　isobar 官网

3. 2-3 色配色

2-3 色配色方案是在一种主色、一种辅助色的基础上进行明度、饱和度的变化。主色所占页面的面积大，处于视觉中心位置，而辅助色常常选用主色的互补色或邻近色。这种或冲突或和谐的配色方案是一种前卫又时尚的网页色彩流行趋势。如 Holm Marcher & Co 网（见图 6.42）的页面以大面积红色为主，灰蓝色为辅，在灰蓝色的基础上做了明度、饱和度的变化，沉稳的色调给网站奠定了专业和强力的基调。

4. 多种色彩配色

（1）选取一个色系

选取一个色系是能统一多种色彩的首要条件。如 Jovi 官网（见图 6.43）温暖的橙色色调十分舒服，橙色与黄色、玫红色、粉红色的色调搭配就非常到位，既统一又赋予了变化，视觉风格上以涂鸦笔刷的形式来表现，很好地诠释了该绘画工具网站的浪漫、活泼的特性。

图 6.42　Holm Marcher & Co 官网

图 6.43　Jovi 官网

（2）色彩的对比

　　多种色彩对比还可以通过降低色彩本身的纯度及控制色彩的面积比例来达到悦目的效果。如 brdr-kruger 官网（见图 6.44）结合品牌产品，每个色块为一个主题，其灰蓝色的色调包容了多种低纯度的色彩，很好地表现了品牌低调雅致的属性。

　　而 Softwaremill 官网（见图 6.45）同样用了多个明快的色彩，但色彩所占的比例却十分讲究，而且最终统一在一个白色的大背景下，时尚清新。

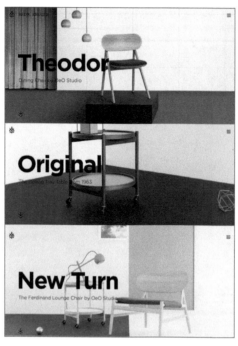

图 6.44　brdr-kruger 官网

图 6.45　Softwaremill 官网

6.4　多媒体

6.4.1　视频

　　由于视频是最强大的可视化工具，能刺激人类的视觉和听觉，因此将网页背景设置为视频动画的网站也是相当受用户青睐。如 Zuli 智能家居网站（见图 6.46）为用户展示的是一款新颖的智能家居产品，其中"how it works"页面 Banner 区域以产品使用场景视频为背景，以"看视频"的方式直接向用户展示产品使用方法，单击右键还能将视频存在本地，帮助用户更好地理解产品如何适用。

图 6.46　Zuli 官网

6.4.2　音频

音频在网页中常与视频、动效搭配使用，虽不是必不可少的，却能够起到一种有效的提示作用，有时它能让网站变得更有趣、更讨巧。如在线新华字典网（见图 6.47），用户查询完一个汉字后，可以通过单击音频按钮学习标准的汉字发音。

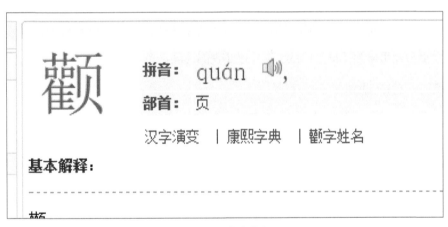

图 6.47　新华字典官网

再如某些个人博客（见图 6.48），会插入音乐以彰显出自己的个性，但是此时的音乐需要注意其播放的灵活性及音效本身的风格是否会打扰到用户阅读网页的内容信息，若使用不当就会变得画蛇添足。

图 6.48　个人博客

6.5　动效

　　人的眼睛善于捕捉动态的图形，因此动效在网页的信息展示及交互中往往是点睛之笔，从技术角度分类可分为 GIF、Flash 与程序实现的动画。

6.5.1　GIF 动图

　　GIF 动图在网页中就是简单的小动画，如动态图标、动态表情等。大多数网站可以通过单击鼠标右键选择"另存为"命令保存其 GIF 动图。如 moosend 网中多个图表信息就是采用 GIF 动画（见图 6.49），所占空间小，还可以直接保存在本地计算机上。

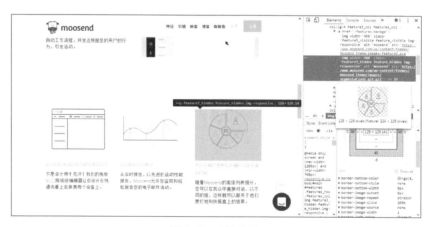

图 6.49　GIF 动画

6.5.2　Flash 动画

Flash 动画由于体积小，动态交互效果丰富也常用于网页中，它可以是视频也可以是游戏，但不易直接保存，且需要安装 Adobe Flash Player ActiveX 插件才能正常观看。如 17173 网站中的游戏（见图 6.50）就是用 Flash 嵌入到网页中去的。

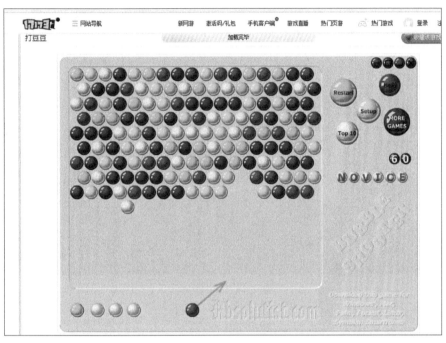

图 6.50　Flash 动画

再如陶然居官网（见图 6.51）加载页面中就采用了生动 Flash 动画，配以悠扬空灵的音乐，两者相得益彰，烘托出一种宛如仙境的意境。

图 6.51　陶然居官网

6.5.3 程序实现的动画

程序实现动画即利用脚本语言编写实现绚丽的动画效果，它不能存在本地计算机上，只有高级浏览器才支持。程序实现动画包括 JavaScript 实现菜单、HTML5 动画、CSS 动画等，这是目前最流行的网页动画表现形式。如加拿大的法语机构 Leeroy，其官网（见图 6.52）使用了大量的 JS 动画，鼠标悬停在哪儿，细砂就会在哪儿散开，感觉玩上一天也不觉得累。

图 6.52　Leeroy 官网

6.6　案例——天猫商城店铺界面设计

本案例是某植物微景观天猫商城的店铺设计，从店铺的前期内容策划到界面布局再到视觉风格拟定，最终实现可交互原型。本案例重点讲解视觉元素之间的统一性及视觉风格的表现。

天猫商城店铺界面设计

第一步：拟定店铺的商品内容，收集并整理相关的图文资料。

拟定商店的商品内容实际上就是整理店铺的经营范围、确定其特色商品。经与客户沟通，本店铺名称定为"芷苑"，经营范围有多肉、创意绿植、花器、工具，而店铺主要分为 8 个版块：首页、所有宝贝、新品上架、多肉、创意绿植、组合、花器、工具。其中作为店铺招牌的首页放有 Banner、优惠券、赠品活动、客服中心、商品分类、二维码等信息，而作为列表页面的所有宝贝栏目中主要放有 Banner、二维码、搜索条件、搜索结果（商品列表）等，其他栏目的列表页面的功能与它基本一致，商品的详细页面需要展现的信息有名称、价格、搭配套餐、商品详情、Banner、店面服务、优惠信息、店内推荐等（见图 6.53）。

在天猫店铺中，最受用户关注的就是商品的图片，因此我们准备的图片效果应当尽量做到多角度、高清拍摄，以满足用户全方位了解商品细节的心理需求（见图 6.54）。

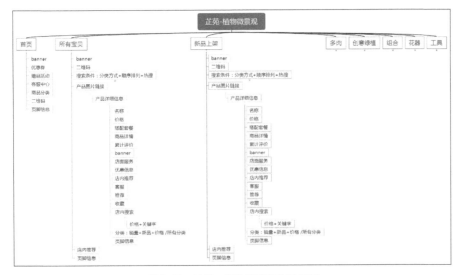

图 6.53 芷苑－植物微景观设计案例

图 6.54 商品的图片资料

第二步：依照店铺主要页面内容框架为界面布局。由于店铺板块众多，线框图可以选取具有代表性的首页、产品列表页、产品详细页 3 种来布局（见图 6.55）。布局过程中主要是根据网页的功能确定界面的位置，具体的尺寸大小不做细节要求。

本案例是用 Axure 做的线框图，不同的功能区域用色块分开，若确定是图片信息则放置图片的占位符。店铺隶属天猫商城，因此在每个页面顶部都留有固定的天猫区域，天猫下方为整个店铺的店招区，店招区内包含了 Logo、全局导航及收藏等重要功能，再下方则依照各个页面栏目的特点按需布局。

第三步：店铺的视觉风格定稿，确定各板块信息的组合呈现方式。线框图只是界面布局的大致稿图，细节还需要在视觉稿中进一步完善，具体步骤如下。

（1）在此店铺中的主体是绿植，因此笔者希望能呈现出品牌植物清新、简洁、雅致的调性，于是先完成了品牌 Logo 设计及网站的单色配色方案（见图 6.56）。

（2）在设计首页时（见图 6.57），最值得注意的是其店招的设计，因为店招的风格决定了一个品牌店铺的视觉风格。店招的有效信息宽度控制在 990 像素以内，本店头极其简单，没有图片修饰，只有背景用了布纹肌理，品质感十足，全局导航默认状态为英文，选中状态为中文。

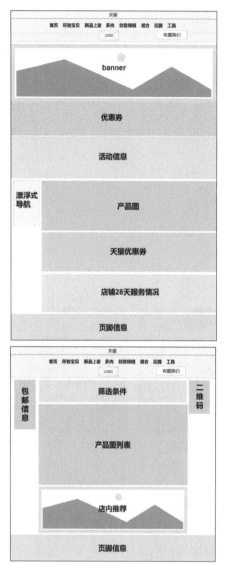

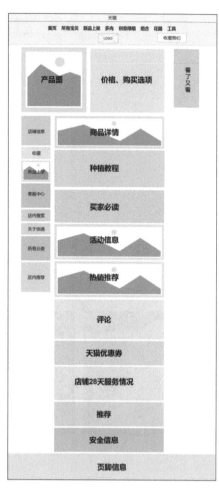

图 6.55　店铺线框图首页（左上）列表页（左下）详细页（右）

图 6.56　网站 Logo（左）及配色方案（右）

图 6.57　首页设计（左）及布纹肌理（右）

（3）需要注意的是所有 Banner、图标与辅助图形在造型及色彩上要保持视觉上的一致性，其中 Banner（见图 6.58）以实物摄影图片为主，左上角放水印，图标（见图 6.59）为扁平风格中的正形表现，切图的大小相同；辅助图形均为不闭合的矩形框及括号，对于不同等级的标题要有所区分（见图 6.60），图文组合时，一级标题为"括号＋图标＋文字"，二级标题为"文字嵌在方框内部"，图标链接中矩形框内文字置于左上角。

图 6.58　Banner

图 6.59　扁平化风格图标

图 6.60　辅助图形

（4）完成首页的视觉设计（见图 6.61），确立界面扁平化的视觉风格，首页效果图展示初步定稿。

图 6.61　首页视觉设计展示图

第四步：店铺的细节调整。

首页的风格确定后，除去天猫商城自带的控件外，其他页面的风格都要遵循首页风格。例如列表页面中的包邮信息（见图 6.62）要延续首页的图文风格，详细页面的图片要防止盗图（见图 6.63），可以打上浅浅的水印。接着确定列表页面及详细页面的视觉效果（见图 6.64）。

图 6.62　包邮信息

图 6.63　防盗信息

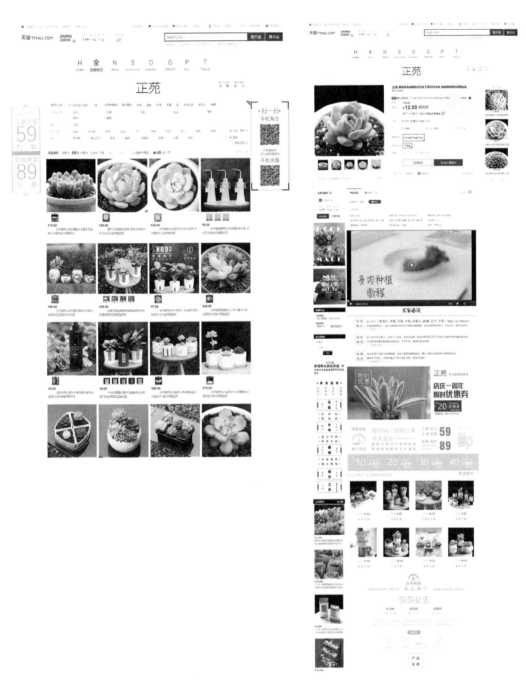

图6.64 列表页面（左）及详细页面（右）

第五步：店铺的可交互原型测试。

本案例是用Axure交互软件做的可交互原型（见图6.65），实现了主要页面间的跳转。

图 6.65　Axure 可交互案列

第 7 章
网页视觉设计要点

视觉的有效性
视觉的层次性
视觉的一致性
视觉的创意性
案例——早教机构网站界面设计

第7章　网页视觉设计要点

网页的视觉设计属于用户体验中的表现层，它是将内容、功能和美学汇集到一起来产生一个最终设计，这将满足其他4个层面的所有目标。本章介绍了网页视觉设计的四个要点即有效性、层次性、一致性、创意性。通过设计要点的学习，读者将掌握在界面布局大的框架下如何进一步确定界面版式与各个视觉元素的设计。

7.1　视觉的有效性

初学网页界面者最容易走进的误区就是认为版面越满越好，但实际上有时候"多即是少"，视觉元素越多，就越容易分散用户的注意力。网页中视觉的有效性是视觉设计要点中最基础的特性，由于不同的视觉语言往往会打破自然的视觉流程，因此在整个版式上必须力求要点突出，主要的解决方法有简化版式、适当留白等。

7.1.1　简化

简化版式是尽量以简单明确的语言和画面告诉大家本站点的主题。简化并非为了版式的简洁而删除信息，而是应当在遵循网站的信息结构及框架的基础上，寻找界面版式最佳的表现方法。

一方面，在每个界面内仔细斟酌信息间的结构联系，对于过于烦冗或者毫无联系的内容进行必要的转移或删除。尤其是在电子商务网站中，把控好信息层级结构、矩形结构、自然结构的版式表现，不仅有利于用户理解网站的主题内容，还能为网站本身带来更多的商业价值。如窝窝团网站的原版设计（见图7.1）重点内容就不够突出，其界面在1366像素×768像素的屏幕分辨率下文字、图片信息都未能显示完整，这是由于给用户较多的筛选条件，占用了较多空间高度，导致团购网站中重点的商家图片展示不全、文字信息完全看不见，这种版式就对用户获取团购信息造成了困扰。

在改版设计（见图7.2）中首先是将占用较多高度的选项重新整合将"全部分类"信息作为固定导航置于界面左侧，接着将全部商区从两行精简为一行，显示不完的地区选项隐藏到"更多"的按钮中，这样节约的高度就可以让团购的图文信息显示得更完整（缩小图片尺寸将能显示更多团购信息显得品种丰富），手机App下载的快捷入口得以在第一屏中显示。

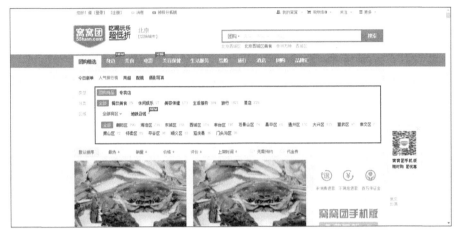

图 7.1　窝窝团网站的原版设计

图 7.2　窝窝团网站的原版设计

　　另一方面，把控界面内图形图片与文字的比例。图与文的搭配可以降低阅读的疲劳感，但要注意各自所占的比例，同一个信息内容是设计成炫酷的图片还只是简单的文字，需要参考信息的优先级来决定其视觉表现形式，另外还需要考虑界面中图文比例，若图过多面积过大可能会造成视觉繁杂，若字过多会显得界面过于空洞。如同为招聘网站，智联招聘网站（见图 7.3）的图较多，显得杂乱，用户需要一定的时间在图片中找到自己需要的信息。而 58 同城招聘页面（见图 7.4）大量的文字配以少量的图片，反而显得大气而不失精致，有利于用户理解网站的信息逻辑，建立良好的印象。

图 7.3　智联招聘网

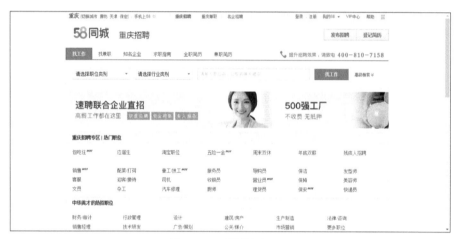

图 7.4　58 同城招聘页面

7.1.2　留白

留白空间不一定是白色的，它指的是任何与背景相同的空间，所以它可以是白色、黑色，甚至可以包含微妙的纹理。不管你习惯称之为负空间还是留白，它都非常聪明地引导你关注网页的重要内容，同时它也是极简风格的典型特征。目前越来越多的网站开始使用这种设计，设计师们逐渐意识到这种设计是多么有用。

最直接的案例就是大家常用的搜索引擎网站——百度（见图 7.5），它是留白的典范，所有无关紧要的元素都被移除，首页中搜索框吸引了用户全部的注意力，它就是要你输入，然后按 Enter 键进行搜索。留白或者负空间的存在是极简主义最明显的特征，它们的存在并不意味着那些地方无内容，留白和其所衬托的主体元素是相互依托的关系。值得一提的是进入到搜索结果页面依然延续了"留白"的这一风格，利用留白划分出搜索结果和相关书籍两个栏目，当滚动向下浏览页面时，右侧相关书籍为空白，用户会不自觉地将注意力停留在左侧的搜索结果中。

图 7.5　百度网站 上图为首页，下图为搜索结果页

在很多艺术家设计师的个人网站中也会大胆地运用留白，如艺术指导 JUN LU 的个人网站（见图 7.6），进入首页就是简单的几个作品的布局，每个作品间的间距较大，自然地分割出每个作品的空间，没有其他的修饰元素进行干扰，却能有力地告诉用户别想其他的，请静静欣赏我的作品吧。

图 7.6 JUN LU 的个人网站

7.2 视觉的层次性

7.2.1 视觉流程

视觉流程是各种视觉信息作用于人们的视觉器官，引起视线的移动和变化，视线会随着注意物的方向、形态、色彩、声音等心理暗示的影响遵循着一定的方向和秩序有规律地进行变化。人们的视觉流程总会受生活习惯、地域文化等因素影响形成一定的视觉流程。如国内人们文字是从左向右、从上至下的书写，因此人眼对信息的观察也是从左到右、从上至下。在网页界面设计中最常见的视觉流程有"F"模式、"Z"模式、纵向模式 3 种。

1. F 模式

F 模式（见图 7.7）是指用户通常会沿着左侧垂直浏览而下，先去寻找文章中每个段落开头的兴趣点，这时如果用户发现了他喜欢的，他就会从这里开始水平线方向的阅读，最终结果就是用户的视线呈 F 型或者 E 型进行浏览。这种模式在一些以文字为主的网站较常出现，例如新闻资讯类的网站、博客等。

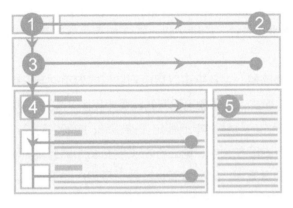

图 7.7　视觉流程 –F 模式

　　实际上，F 模式就是一个引导路线图，它不仅仅是一个页面，因为 F 模式的网站除了顶部展示区外，其他的内容会显得更平淡。就像艾瑞网"互联网 +"页面（见图 7.8）就遵循了人们的视觉流程，全局导航下方的内容为：上半部分是焦点新闻；下半部分左栏是次重点新闻，以图片加标题的列表形式呈现，若对标题形式感兴趣则可单击进入专题页面；而再次之的其他新闻则是以文字链接的形式出现在右栏。

图 7.8　艾瑞网"互联网 +"页面

2 Z 模式

Z 模式（见图 7.9）是基于用户从左到右自上而下的阅读习惯，指用户首先关注的页头水平方向上的内容，依照从头部左到头部右，再沿着对角线浏览下一部分的中部左到中部右，循环往复的浏览模式。这种较常出现于网页内容不是以大量文字为信息内容的页面。

Z 模式的优点就是简单，它几乎可以适用到任何的网页交互。但如果网站信息内容多样繁杂则不适用于这种模式。如印象笔记网站首页（见图 7.10）布局上就是 Z 模式，第一屏为注册登录框，将用户的视线牢牢地锁定在该领域；接下来对该产品的卖点展示，第一行左文字右图、第二行右图左文字、第三行左文字右图如此重复，图片与文字顺序的更换一方面遵循了用户的视觉流程，另一方面也有效引导用户向下浏览，在页面底部又为注册登录框，给用户唯一的操作选择，以达到该页面的功能诉求。

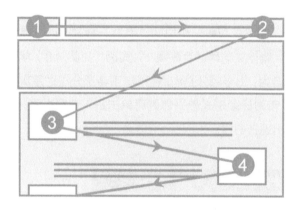

图 7.9 视觉流程 - Z 模式

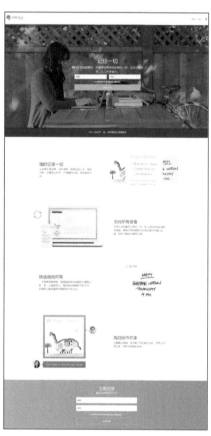

图 7.10 印象笔记网站

3 纵向模式

纵向模式（见图 7.11）是用户习惯自上而下滚动来浏览更多信息。当用户还未确定目标信息时，纵向视觉流能帮助用户在不需要回扫的情况下获取更多信息。除了大图，用户会选择数栏的其中一列纵向浏览直到找到某一目标信息后，横向浏览细节。

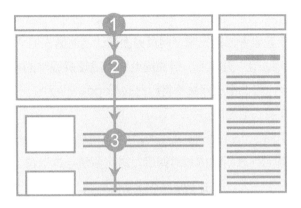

图 7.11　视觉流程－纵向模式

如 36 氪网（见图 7.12）是很经典的两栏布局，由于两栏所占比例较大，用户会不自觉地将视线停留在占有较大面积的左栏，自上而下的逐一浏览资讯。

图 7.12　36 氪网

7.2.2　视觉层级关系

视觉表现手法主要有位置、大小、距离、内容形式、色彩五种元素组成，实际设计中为了让效果拉开主次，可能会同时使用多种方法以达到更好的效果。

1. 位置

位置是在设计开始就会考虑的元素。网页界面设计若遵循人们"从左向右，从上向下"阅读的视觉习惯，能帮助用户更容易、更快捷地看到或理解眼前的事物。界面中优先级依次为左上、左下、右下，因此很多网站都将自己的 Logo、商品名、主题等重要信息放在顶部靠左或顶部中间最佳视线范围内。

以设计癖网站（见图 7.13）为例，在原稿中焦点信息左图是第一优先级的信息。笔者将焦点新闻与右侧的其他列表新闻位置对调后，对比原稿与修改稿，虽然焦点新闻依然是大图的形式，占的面积也够大，但由于位置不在最佳视域，会被其新闻分散一部分视线。

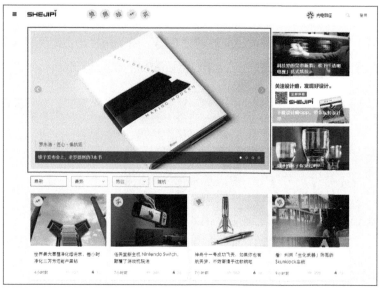

图 7.13　设计癖网（上图为原稿，下图为修改稿）

2 大小

在确定了内容板块的位置后，设计师还需要考虑给这模块多大的空间，大小会很直观反映信息的重要等级。重要的元素相对于一般元素要大一些，甚至会比例失调也不为过。以 The Boston Globe 网站（见图 7.14）为例，原稿有左右两张图片，左侧的新闻图片面积约为右侧广告图的 2 倍，轻而易举地吸引了用户的注意。笔者将左图面积缩小为与右图均等后，对比发现即便左图位置仍在用户会第一时间关注的左侧，但用户看到左图的时候也会不自觉地看到右图，于是网站的新闻重点会被广告所打扰，造成不良的心理感受。

图 7.14　The Boston Globe 网（上图为原稿，下图为修改稿）

3 距离

距离可以分为二维的距离效果与三维的距离效果，二维的距离能够保证信息可被理解的前提下，视觉元素尺寸不变，细节被放大，人眼会感受到元素更清晰，离眼睛更近而容易先去关注。如宜家网（见图 7.15）中的灯饰图片，灯饰的全景不如近景吸引用户的注意力。

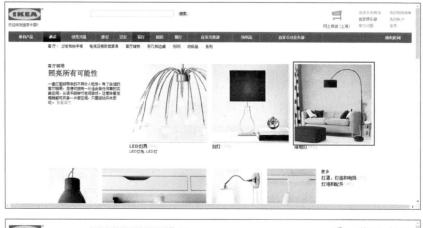

图7.15　宜家网（上图为原稿，下图为修改稿）

　　还可以通过视觉手段体现出三维距离的效果。具体方法有模糊元素、调整透明度、增添投影等。

　　如 idea kites 网（见图 7.16）中背景图被模糊后，使得它和标题文字以及右侧的导航不在一个平面上，离眼睛更远，用户在进行动点和文字识别时不会被模糊的背景所干扰，还能依稀看到隐喻该公司的手机应用服务的信息。

图7.16　idea kites 网

而在味千拉面网（见图 7.17）中选择降低透明度也能拉远距离，未选中的菜品会呈半透明的状态显示，选中的菜品则完整清晰的展示，感觉离用户更近。

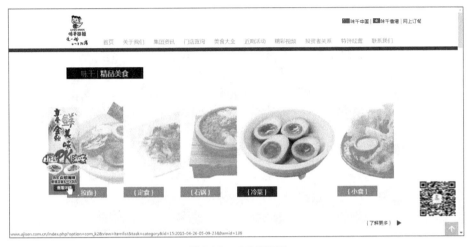

图 7.17　味千拉面网

元祖蛋糕网（见图 7.18）首页中的蛋糕展示是以增加投影的方式让选中的蛋糕看起来和其他蛋糕感觉不在同一平面，选中的蛋糕感觉离用户更近。

图 7.18　元祖蛋糕网

4. 内容形式

确定了内容板块的位置、大小和距离关系后，会继续考虑包括视频、图片、文字等内容，这里主要讲经常使用的图形和文字。相比文字，图片在抓住用户眼球这一点上是功不可没的，同时还能使用户在短时间内形成形象记忆，在视觉层级上，人眼一般会先关注图后关注文字。但仅仅这点还不够，通过图片抓取用户眼球后引导视线到下一个关注点，是设计上更多会考虑的点，概括有以下表现手法。

（1）方向性引导

图片中的形象有些具有明显的方向性，如人眼注视的方向、手势所指的方向、物体运动方向、光照方向等，这些特征会引导人眼视线朝着设定的方向运动，从而达到视觉层级有主有次。例如 Dior 网（见图 7.19）Banner 中时尚男士正在向右下方看，Banner 右侧则是"Dior"Logo 和小标题"即将推出 2017 春季系列"。打开网站时，大多数人会首先关注人物的脸部，并进一步受到人物视线的引导。

图 7.19　Dior 网

（2）符号引导

除了图片，一些符号本身带有顺序和方向性，也能有效引导视线根据符号来浏览，包括阿拉伯数字、字母顺序、时间顺序（时间轴）、箭头等。如极客学院网（见图 7.20）课程视频学习页面，课程就是以数字来标识排序。

图 7.20　极客学院网

5 色彩

色彩是影响用户对界面第一印象的重要因素，色彩的应用对视觉层级的影响也能起到立竿见影的效果，总结起来人眼对色彩的关注度差别主要是以下两点，这种反差包括色彩色相、饱和度和明度反差。

色相反差大容易引起用户的重视，如 OLDMUTUAL 网（见图 7.21）中搜索框的橙色按钮与周边大量的绿色形成强烈反差，一方面隐喻了该按钮功能的特别，另一方面也提升了用户对该搜索框的视觉层级。而网站的全局导航则是通过改变一级菜单背景明度来表明是否为选中状态，当鼠标悬停在菜单上，其背景为浅灰色，而默认状态为白色。

图 7.21　OLDMUTUAL 网

7.3　视觉的一致性

很多大型的研究院及设计开发部门都会对产品的视觉交互整理出一套界面交互规范，以帮助团队更好地协同工作。因为产品的一致性设计会极大地改善我们的设计流程，缩短设计周期，有章可循设计起来自然得心应手。

7.3.1　与企业形象一致

网站最终是为企业品牌服务，所以网页必须能够起到承载品牌信息的作用，这样即便用户没有浏览过该品牌的网站，看了你的设计后也会联想到网站背后的产品品牌。

网页界面视觉设计需要与企业 VI 系统保持一致，主要是 VI 基础应用部分的 Logo、配色方案、视觉图形、标准字等。尤其是对于老牌的产品，网站必须保证线上的效果

与线下传统媒体（如海报、宣传手册等）以及店面的视觉风格的一致。日本超人气玩偶
Monchhichi 于 20 世纪 70 年代就诞生了，其网站（见图 7.22）就考虑到突出品牌本身可
爱的特点，将其产品、店面直接搬上官网内，与传统纸媒的视觉保持高度一致。

图 7.22 Monchhichi 网

7.3.2 页面及各元素间的共识

无论是主页还是列表页或是详细页面，尽管层级不一、功能不同，但是要大体上保持
不同页面之间视觉风格的一致。一致性主要体现在 3 个方面，一是各个视觉元素布局上井
然有序，主页面、子页面视觉表现上有章可循，如 Logo 和导航的位置相对固定；二是相
同级别板块内的文字字体、大小、色彩、样式一致，图标图形大小一致、各元素间的比例、
间距一致；三是配色方案上自成体系，哪些颜色占用比例大，哪些颜色用于强调等。

如 New Blance 网（见图 7.23）中，界面各功能布局相对固定，均为顶部为固定全
局导航，导航下方呈单页的信息内容展示，图形造型上十分统一，Logo 倾斜的矩形形态
反复出现在界面的菜单选中状态、搜索框等多个元素造型中，色彩搭配上每个页面都是
使用浅灰作为背景，字体默认颜色使用深灰与黑色，对于需要特别强调的位置使用 Logo
的红色。

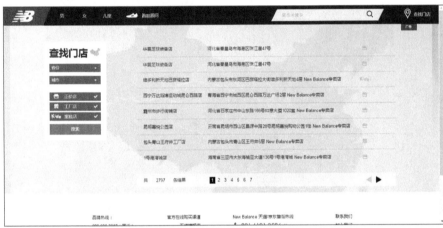

图 7.23　New Blance 网

7.4　视觉的创意性

尽管网页设计需要遵循很多的秩序规范，但是在某些特定的页面视觉创意加以新兴的计算机手段却能让网页富有自己独特的艺术风格及特征，增强网页信息的传递性、趣味性。

7.4.1　秩序内的创新

　　秩序内的创新依然遵循网站布局规范，在某些特定的页面，在保证功能正常运作的前提下，界面设计表现得灵动、幽默、大胆。这种特定的页面主要包括错误或不存在的页面及加载等待页面。如 cloud-tutorial 网的错误页面（见图 7.24），界面中绘制了一个宇航员迷路在太空中求助，动态图片十分生动地反映出你现在处于网站的边缘地段，此时温馨地出现了一个搜索框，帮助用户找到其他感兴趣的信息。

图 7.24　cloud-tutorial 网的错误页面

　　等待页面上的幽默让等待更有乐趣。如 AcFun 网视频加载页面（见图 7.25），每次都会出现一则小笑话，缓解用户焦急心里。

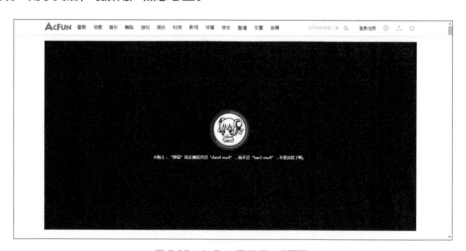

图 7.25　AcFun 网视频加载页面

7.4.2　新媒体下的出其不意

随着 CSS 3 和 HTML 5 技术的成熟，许多惊艳的效果都能应用在网站设计中了，比如视差滚动、故事游戏等。波兰某动物保护组织网（见图 7.26）就非常有创意，它选取了十只动物与它的所有者或相关者，将动物的半张脸同相应人的半张脸结合在一起，作为一幅页面的核心内容，折射出滑动鼠标滚轴，实现各自脸部左上右下的切换，而单击页面两侧的"＋""－"会展示出他们详细介绍和心理感受。

图 7.26　波兰某动物保护组织网

Colony TV 网（见图 7.27）是为一个美国科幻剧所创建的，当你打开网页的时候，会被其中的地图和剧情所吸引，它利用 JavaScript 技术将网站设计成了一个游戏在不断完成任务的过程中解锁成就，了解故事走向，直到欲罢不能。

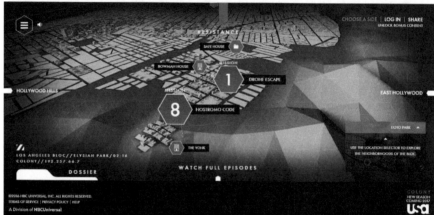

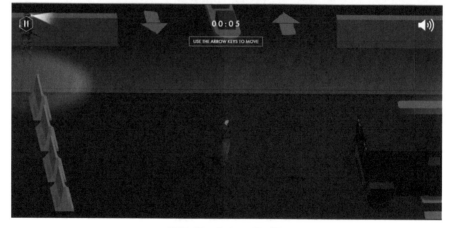

图 7.27 Colony TV 网

7.5 案例——早教机构网站界面设计

本案例是某早教机构的网站界面设计，讲解了从网站的前期内容策划到界面布局再到视觉风格拟定，最终实现可交互的原型设计。重点讲解视觉风格如何围绕主题特点进行表现。

早教机构网站界面设计

第一步：确定儿童早教机构网站的功能范围。

功能范围是基于早教机构的服务范围而定的，其中的功能结构应当在原版网站的基础上进一步优化，最终确定一个结构清晰的网站功能结构（见图 7.28）。网站共有五个板块：首页、关于果语、课程设置、新闻活动、加盟果语。其中首页里包括 Banner、关注我、课程推荐、精彩活动、果语热线、免费课程预约、全国中心、联系我们等功能；列表页面如新闻活动版块包括精彩新闻、精彩活动及与首页一致的免费课程预约等功能，而更深层级的新闻列表则是按照时间降序来展示其标题、缩略图和文字简介；详细页面如某则新闻则需要展示出具体的图文信息。

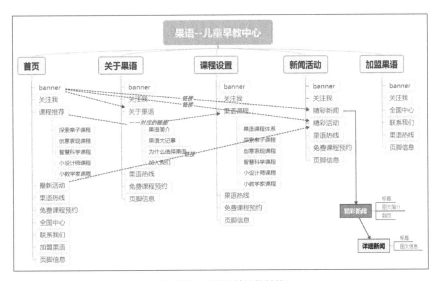

图 7.28　果语网站功能结构

此外，在此结构图中还需要反映出页面间的大概交互，如首页中的 Banner 是对果语本身、新闻活动等介绍，单击 Banner 图片则可以对应进入相关内容页面。

第二步：根据范围依次规划出主要页面如首页、列表页、详细页面的线框图（见图 7.29）。确定各导航系统，对于已经确定的图片区域，可以直接用图片占位符表现。

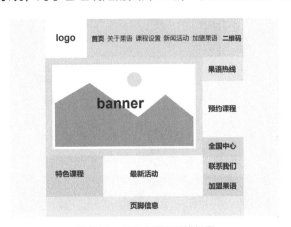

图 7.29　果语主要页面线框图

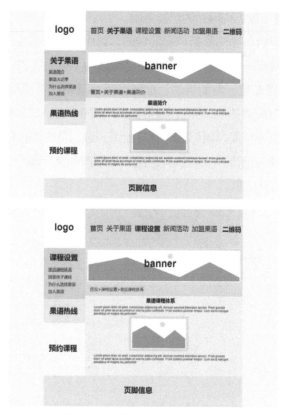

图 7.29 果语主要页面线框图（续）

第三步：根据用户群和早教机构的特性确定首页风格。

在此阶段我们不仅做了同类产品的市场调查，还对"果语"的原版网站（见图 7.30）进行了视觉体验分析，发现它和大多数早教机构的网站一样，界面同质化、模板化现象很严重。

图 7.30 果语原版网站

由于早教机构的服务对象是 1~6 岁孩子，于是在视觉表现上选择了稚拙的蜡笔手绘来表现小孩子天真烂漫、无拘无束的个性。首先是选取全局导航区域做了小小的尝试（见图7.31），在稿纸上模仿小孩的绘画，然后再扫描到 PS 中进行上色处理，字体选择如方正稚艺体，与界面风格相匹配。

图 7.31　导航区域的蜡笔风格尝试

为了 Logo "果语" 更为突出，增添了贴纸的效果以使导航的层次更为鲜明（见图 7.32）。

接着就是完成首页其他元素的设计，此时最应注意的是视觉的统一与对比。统一性表现在图标都应当用蜡笔手绘来表现，但为了避免界面过于花哨、层次不清，应当注意全局导航与辅助导航图标强弱虚实之分。如首页的表格用单色的图标及蜡笔涂鸦效果表现，则按钮又分默认及按下两种状态（见图 7.33）。

图 7.32　导航中 Logo 的视觉设计

图 7.33　表格及按钮的视觉设计

　　而在设计 Banner 区域时需要考虑到后面动态轮播效果的愉悦性，应在尊重每个 Banner 主题内容的同时，视觉风格上有所区分。如本案例中首页的 3 个 Banner（见图 7.34）的色调版式各不相同。最终完成首页的视觉设计（见图 7.35）。

图 7.34　首页中的 3 个 Banner 的视觉设计

图 7.35　首页视觉效果图

第四步：完成其他页面的效果图。

列表页的版式基本一致，而信息图表（见图 7.36）设计上也应当与整体视觉风格一致，色彩活泼但必须统一在大色调中。

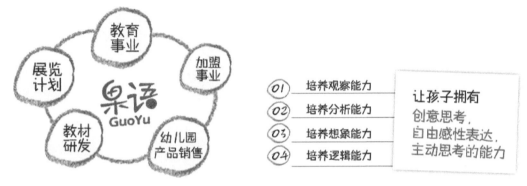

图 7.36　图表设计

各个板块的列表页面视觉效果图如图 7.37 所示。

（a）

图 7.37　列表页面视觉效果图

（b）

（c）

图 7.37　列表页面视觉效果图（续）

（d）

图 7.37 列表页面视觉效果图（续）

详细页在展示需要在之前线框稿的基础上进一步完善交互功能，如添加了"上一篇""下一篇"的功能（见图 7.38），诱导用户看完详细信息继续浏览网站，增加用户的粘稠度。

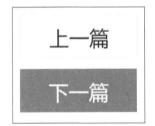

图 7.38 详细页面视觉效果图

第五步：为视觉稿切图。

每个图片图形应选择合适的 JPG、GIF 或 PNG 格式，尽可能保证图片既清晰且所占空间最小，同时，还要注意命名规范，做到命名语义化（见图 7.39）。

对于一些较大且重复性的图，我们可以只截取部分，这样既节省空间，还便于在 axure 交互软件、前端代码中复制编辑。如画框的蜡笔边线是向一方延续，我们就可以只截取部分（见图 7.40）。

图 7.39 切图的格式与命名规范   图 7.40 画框切图

第六步：对应视觉效果图运用 Axure 制作可交互原型。

此原型应当尽量与视觉效果图一致，包括一些简单的交互状态。首先，我们在 Axure 中为各个板块页面布局（见图 7.41），尺寸大小可以先在 Photoshop 中测量或者用 MarkMan 标注后再进行精确布局。

图 7.41 页面板块布局

最后再增加动态面板调整各个页面内的交互效果，如按钮、图片、输入框鼠标选中后的状态变化（见图 7.42）及 Banner 轮播效果（见图 7.43）等。具体操作过程可通过微课视频，观看案例的整个设计与制作过程。

图 7.42　页面内交互动态

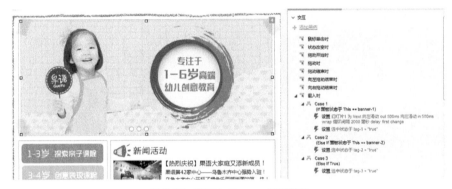

图 7.43　页面内 Banner 轮播效果

第 8 章
网页视觉风格

第 8 章 网页视觉风格

一个网站的视觉风格能反映网站性质、产品特征，能让用户产生愉悦感，帮助用户与产品间建立信任。本章将目前流行的网页视觉风格分为了简约、影像、手绘、复古、立体、拼贴六种，并结合大量案例分析各种风格的特点及应用场景。

8.1 简约风格

8.1.1 简约风格的特点

简约设计是将设计回归本质的一种设计理念，简约并不是对内容的简单删减，而是提炼设计精华，满足美观实用的本质诉求。在网页中，简约的设计往往具有清晰的页面结构、简单的交互操作等特征，在满足传递信息的同时，从视觉体验的角度为用户带来轻松、愉悦的美感。简约风格的设计由于内容展示较少，用于小型创意领域的官网较多，电子商务类网站较少。

8.1.2 简约风格应用及分析

一些媒体传播机构尤其青睐简约风格，如意大利 Bake 就是一个跨媒体的传播机构，其官网（见图 8.1）只用了简单的字母与图形作为设计元素，用有限的图形文字向用户传达出无限的想象，而单一的橘红色系配色让人能迅速记住其企业形象。

图 8.1　Bake 官网

细腻的摄影与简约风格也仿佛天生是一对。如 Thomassteibl 是一家奥地利的婚纱摄影机构，其官网（见图 8.2）就十分简洁清爽，即便是婚纱样片的列表页也是甄选了九种，精简的内容与极简的形式高度统一。

图 8.2　Thomassteibl 官网

　　尽管简约风格在目前商业应用中还不太广泛，但仍有少数高端的小型商城选择了简约风格。如男装奢侈品牌 Brioni 官网（见图 8.3），其界面时尚大气，黑白的经典配色，大面积留白的版式，即便是列表页面每一屏仅显示出两个商品图片，也完美地彰显了品牌的贵族气质。

图 8.3　Brioni 官网

有的网站简约到极致，甚至舍弃了一切图形元素突出其主题。如 Useallfive 网（见图 8.4）是一家专注于设计与技术的工作室，界面大胆地使用文字作为网站的单一设计元素，使人眼前一亮，留白也是其一大特色，完美地引导用户专注于文字信息，促使用户关注其工作室作品本身。

图 8.4 Useallfive 网

用一张高清的摄影作品作为背景，也是网页中极简设计的常用方法，如少年派的奇幻漂流网（见图 8.5）通过华丽朦胧的背景图，让影片故事隐藏于图片之中。白色粗边框中的朴素文字解释说明主题，精致的图文，恰如其分地烘托出冒险的氛围，令人对影片浮想联翩。

图 8.5 少年派的奇幻漂流网

8.2 影像风格

8.2.1 影像风格的特点

影像包含了图片、视频两大元素，影像风格的网站界面特点是依赖大面积影像作品作为素材。网站在运用影像素材中有时采用清晰、写实的影像，有时则是采用虚化或模糊的影像，具体使用哪种表现形式还是参考网站的主题而定。

8.2.2 影像风格应用及分析

Sanissimo 是一家墨西哥食品企业的网站（见图 8.6），虽然只有一个页面，却是综合使用了影像元素与滚动视频差技术，将影像风格的魅力展现得淋漓尽致。第一屏左侧是模糊的静态视频背景，右侧则是清晰的食品，当鼠标向下滚动，则可以看到之前左侧模糊的静态视频开始播放，完美演绎了食物的诱惑。

图 8.6　Sanissimo 官网

Eva 是一个移动社交应用，其官网首页（见图 8.7）以一个循环播放的视频作为一整个背景，静止的 App 图片则应用则显得格外突出，随后大量的图片在视觉上营造出分享视频的趣味性和娱乐性。

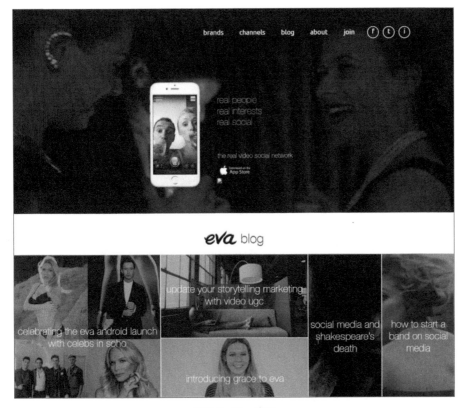

图 8.7　Eva 官网

将视频作为背景已经被很多网站所运用，有的还将视频背景分成多个场景，玩出了新花样。如 Newrow 是一家专注于在线互动的技术公司，其官网首屏（见图 8.8）也使用了视频背景，最特别的在于产品在一个视频内横跨两个场景，创造性地展示了产品的功能特点，即用户就算是在不同场景下，在线视频也会感觉像在同一房间内。

图 8.8　Newrow 官网

8.3　手绘风格

8.3.1　手绘风格的特点

手绘风格不同于常规的框架式网站设计，追求的是一种活泼随性的自由，整个页面更显得跳跃，多用于游戏或是儿童社区的网站设计中，但也有很多设计工作室或是设计师使用手绘风格来描述自己的日常生活或工作。

8.3.2　手绘风格应用及分析

设计师 Syster 个人网站（见图 8.9）是典型的手绘风格，清新不失细节的水彩、轻松而自然的手写体，再配以柔和的色彩将该设计师亲切、注重作品品质的特性表现得十分到位。

图 8.9　Syster 个人网站

Jacquico 是一家蛋糕机构，其官网（见图 8.10）中以大量厨房中的蛋糕制作工具作为网站的图形元素，手绘的线描表现形成独特的识形度，突出了其蛋糕品牌的真实性与独特性。该网站还采用了 JavaScript 脚本实现了动态及拖曳效果，手绘搭配拖曳动态使得整个网站都鲜活起来。

Artattackk 是一家创意公司，其官网（见图 8.11）轻松活泼的手绘卡通图形感觉将用户带入了创意无限的世界，再配上 HTML5 动效，体现出该品牌的年轻与活力。

Tfreak 是一家涂鸦设计机构，其官网（见图 8.12）就是直接将涂鸦绘画作品搬上了网站，用户一旦进入网站就能感受到浓浓的涂鸦魅力。充满创意性的手绘字体亦字亦图，不规则的图形色块都彰显了无穷的视觉张力。

图 8.10　Jacquico 官网

图 8.11　Artattackk 官网

图 8.12　Tfreak 官网

151

8.4 复古风格

8.4.1 复古风格的特点

复古风格并非一味地模仿传统元素，而是将古代元素适当结合现代元素，旨在兴起古代元素的新风尚。复古西方风格往往借助西方古典文化中适合且别致的图形影像、文字字体、版式、配色等视听元素来反映古代的社会习俗、文化风尚等，从而表现出品牌在思想内容和艺术形式方面追求高品质格。

8.4.2 复古风格应用及分析

Ride 是一家数字媒体设计公司，其官网（见图 8.13）采用了复古风格，混搭的英文手写体和无衬线字体，仿报纸的版式布局、版画风格的插画再加上经典的黑白配色，让复古也变得既有韵味又时尚。

图 8.13 Ride 官网

波西米亚文学网（见图 8.14）选用了复古的视觉表现，旨在为对波西米亚文学感兴趣的人群宣传波西米亚的文化魅力。泛黄的明信片、被腐蚀的硬币错落有致的叠放在一起，作旧的色调弥漫出复古的韵味。

Jolly duck 是一家经营彩旗制作及古董瓷器收藏的网站，其官网（见图 8.15）用一副聚餐的插画作为背景，其复古的绘画风格，低纯度的色调使得整个网站既有历史感又不失时尚。

图 8.14 波西米亚文学网

图 8.15 Jolly duck 官网

8.5 中式传统风格

8.5.1 中式传统风格的特点

中式传统风格是指以中国的传统文化为基础，研究该民族的视觉欣赏习惯和视觉审美心理，使其网页设计展现出独特的艺术个性。传统风格的网页设计适合应用于以传统文化和艺术为主题的网站中，面向的目标用户是知识分子或喜欢古典设计风格的人。

8.5.2 中式传统风格应用及分析

故宫博物院官网（见图 8.16）选取了如意纹（这是一种吉祥寓意纹样）和雷纹（以连续的方折回旋形线条构成的几何图案）烘托主题纹饰，将页面以画轴的形式展现给用户。

图 8.16　故宫博物院官网

西塘旅游网（见图 8.17）首屏中西塘一年四季的 Flash 动画一下就吸引了用户的注意力，灰色的青龙纹样作为页面背景，《天涯歌女》的背景乐演奏烘托了的西塘古镇古色古香人文情怀。

图 8.17　西塘旅游网

苏州拙政园官网（见图 8.18）整个页面有留白，以拙政园典型的粉墙黛瓦为页面的背景，园林、景观、鱼儿以动画的形式缓慢出现，文字的书法体也是突出中国传统文化的一大亮点，文字竖排版营造出一种有序、静雅的美感。

古陶文明博物馆官网（见图 8.19）运用了水墨和传统图形元素，水墨是中华文明的代表性艺术形式，局部导航的书画背景以及若隐若现的瓦当、中式建筑图形都体现了该博物馆艺术形式的多元性。网页沉稳厚重的褐色搭配体现出古陶文化的源远流长。

图 8.18　苏州拙政园官网

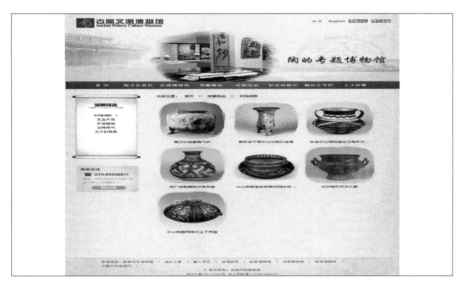

图 8.19　古陶文明博物馆官网

8.6　立体风格

8.6.1　立体风格的特点

立体风格就是通过光影、重叠的表现手法及最新的 HTML5 技术等，将传统的二维网页设计成三维立体效果。如今很多设计师尝试通过深度视觉来创作出拥有立体效果的网页作品，颠覆网页平面、静止的形象，令网站界面变得更有趣，拥有更好的用户体验。

8.6.2　立体风格应用及分析

Gardener and marks 网（见图 8.20）是一个提供室内设计及延伸服务的网站。网站以房间的一面墙作为背景营造了开阔的视觉享受，而各种家具摆放的前后位置及靠近物体间的投影让整个页面立体感倍增。

图 8.20　Gardener and marks 网

Acko 是一家数字设计机构，其官网（见图 8.21）内优雅的线条本身就极具立体效果，图形随着页面的读取进度而渐渐在屏幕上展开。此外，该网站采用了 HTML5 中的 3D 技术，当滑动鼠标滚轴，观看界面的视角会发生改变，传达出该网站的现代科技感。

图 8.21　Acko 官网

Limbus 设计工作室的官网（见图 8.22）也采用了立体风格，透过二维的显示器，我们看到界面已经被分割成了多个立面空间，背景是一个白色的三维空间，网站运用了 JavaScript 技术让一个小人还在其中穿梭，而全局导航感觉浮在这个空间之上，且文字与图片用阴影分开，展现出其前后关系，感觉创意无限。

图 8.22 Limbus 设计工作室的官网

Rainforest guardians 网（见图 8.23）是一个公益类型的网站，它呼吁大家保护热带森林。当打开首页就被热带雨林的鸟瞰图所震撼，拖曳鼠标还能任意调整角度并走进雨林的某个部落。

图 8.23 Rainforest guardians 网

8.7 拼贴风格

8.7.1 拼贴风格的特点

拼贴艺术类似许久以前的剪报习惯，就是将照片或者印刷媒介上的新闻剪下并贴于笔记本上。拼贴设计是以断裂、重组、融合等独特的形式来表现主题，而在网页设计中的实现则需要用到纸质纹理、不规则背景图形、叠加图层等素材，再辅以涂鸦图形及文字，网页的整体就会显得更加高端有层次感。

8.7.2 拼贴风格应用及分析

Dego 是一家数字制作机构，其某活动页面（见图 8.24）将创意比作一个令人兴奋的旅行，视觉上采用了充满趣味的拼贴风格，每一处的不规则图形都附上了纸纹肌理显得界面稳重大方，随意的涂鸦图文与其叠放在一起令整个网站的视觉形象十分突出。

图 8.24　Dego 活动页面

TYT 网（见图 8.25）讲述了一个以"在一起两年"的爱情故事。它以时间轴为序，配上了象征爱情的图片，以拼贴的形式将这些风格迥异的图片放置在一起，温柔轻缓的背景音乐一下将我们带到充满回忆的彼端。

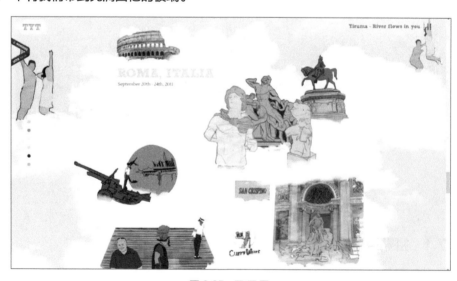

图 8.25　TYT 网

Lemoderne 是一家法国餐厅，其官网（见图 8.26）以拼贴的剪贴画形式将各类带白边的剪纸排版在一起，点线面及色块的构成设计十分到位，背景波普圆点的运用更是为二维、平庸的餐饮网站加入了另类的活力。

图 8.26　Lemoderne 官网

Wostok 官网（见图 8.27）也运用了一张纸质肌理背景，加之悬浮在背景图上的窗口制造了多层次的表现效果。在窗口内，利用拼贴插画与摄影图片组合而成的画面呈现出浓厚的混合风格，再加之恰到好处的滚动视屏差技术，让这个饮料品牌显得时尚而独特。

图 8.27　Wostok 官网

第 9 章
网站静态页面
前端开发基础

HTML 基础

CSS 基础

JavaScript 脚本基础

案例——幻灯片效果

第 9 章　网站静态页面前端开发基础

在前面的 8 个章节中，我们主要学习的是网站的前期策划、信息布局设计，界面的交互及视觉表现，其间运用了相关的设计（如 PS、AI）及交互软件（Axure）去实现网站静态页面的效果。但这些软件在网站的表现上局限性较大，且不利于后期的开发与维护。本章将要通过 HTML、CSS 及 JavaScript 前端代码基础知识的讲解来帮助大家实现前期设计的效果图。

网站静态页面
前端开发基础 1

9.1　HTML 基础

9.1.1　HTML 简介

我们用 Photoshop 精心设计出来的效果图并不能被浏览器解析成网站，因此，我们必须将效果图转换为浏览器或者手机能够识别的语言，而这种语言就是 HTML 语言。

超文本标记语言（Hypertext Marked Language, HTML）其实还可以翻译为超级文本，它的意思是：HTML 比我们平时写的书信要强很多的文本，可以加入图片、声音、动画、影像，还可以从网页中的一个链接跳转到另一个页面，这就是为什么叫超文本标记语言的原因。

9.1.2　HTML 文档结构

对于从来没有过编程经验的同学，学习 HTML 可能会比较难，因为它既不像汉语也不像英语，可以直接从左到右读出一个语义出来。计算机很难直接理解人类的自然语言，所以必须以一种特殊的格式来表示网页的外观。这种格式就是 HTML 文档格式，以下是一段简单的 HTML 页面代码：

```
<!DOCTYPE html>
<html lang="en">
<head>
    <meta charset="UTF-8">
    <title>Document</title>
</head>
<body>
    html 文档结构
</body>
</html>
```

HTML 文档主要由 3 部分组成：HTML 部分、文档头 head、文档体 body。

1. HTML 部分

HTML 部分以 <html> 标签开始，以 </html> 标签结束，这两个标签告诉浏览器它们之间的内容是 html 文档，代码如下：

```
<html>
    ...
</html>
```

2. 文档头

头部以 <head> 标签开始，以 </head> 标签结束，这部分包含显示在网页导航栏中的标题和其他在网页中不显示的信息。标题包含在 <title> 和 </title> 标签之间，表示这个网页的页面标题，代码如下：

```
<head>
    <title>...</title>
</head>
```

3. 主体部分

主体部分以 <body> 标签开始，以 </body> 标签结束。主体部分包含网页中显示的文本、图像和链接等，代码如下：

```
<body>
    ...
</body>
```

9.1.3　常用标签

HTML 的一些基本语法单位，称为标签，也称为 HTML 标签或者 HTML 元素。HTML 标签可以大写，也可以小写，如标题 <h1> 和 <H1> 所表达的意思是一样的，但是目前的 HTML 规范中，推荐使用小写，这也是一种好的书写习惯。

HTML 标签有如下的一些特点，需要引起我们的注意。

（1）标签是由尖括号包围，例如 <html>。

（2）标签一般是成对出现，例如 <html> 和 </html> 需要成对出现，<html> 表示开始，</html> 表示结束。但是也有单独出现的标签，如图像标签 <img src="logo.jpg"/> 就是单独出现的，这种标签需要在反尖括号（>）前加一个斜线（/）表示结尾。成对出现的标签和单独出现的标签区别在于成对出现的标签，在两个标签中间有内容，如 <div> 我们 </div>，而单独出现的标签是没有内容的，如 <img />。下面介绍一些常用的标签。

1. 标题标签

HTML 标题是通过 <h1> 、<h2>、<h3>、<h4>、<h5>、<h6> 等标签进行定义的，

它们表示不同大小的标题文字，一级标题最大，六级标题最小，代码如下：

```
<h1> 这是一级标题 </h1>
<h2> 这是二级标题 </h2>
<h3> 这是三级标题 </h3>
<h4> 这是四级标题 </h4>
<h5> 这是五级标题 </h5>
<h6> 这是六级标题 </h6>
```

标题标签的代码在浏览器的显示效果（见图 9.1）字体由大到小呈递减方式。

图 9.1　标题标签的显示效果

2 段落标签

另一个常用的标签是 <p> 标签，表示段落，段落就是写文章时候的分段，代码如下：

```
<p> 这是第一段落。</p>
<p> 这是第二段落。</p>
```

段落标签的代码在浏览器的显示效果（见图 9.2）也会如段落一样行距间隙较大。

图 9.2　段落标签的显示效果

3 链接标签

链接标签用 <a> 表示，它用来实现从一个页面跳转到另一个页面的功能，一般链接标签下有一条横线，表示链接的意思。下面是 3 个链接到 BAT（百度、阿里巴巴、腾讯）首页的 a 标签的例子。

```
<body>
    <a href="http://www.taobao.com"> 淘宝 </a>
    <a href="http://www.qq.com"> 腾讯 </a>
    <a href="http://www.baidu.com"> 百度 </a>
</body>
```

链接标签的代码在浏览器的显示效果（见图 9.3）会引导、提示用户单击。

图 9.3　链接标签的显示效果

4. 图像标签

网页中的图像是用 <img> 标签来表示的，img 标签有 src 属性，表示图像的在磁盘或者网络中的存放位置。一般来说，我们也需要定义一张图像在网页中的大小，使用宽度（ width) 和高度（ height) 属性来定义图像的大小。下面用代码表示一个宽为 80 像素，高为 45 像素的 Logo 图像，图像（见图 9.4）就能在浏览器中显示出来了。

```
<body>
    <img src="images/logo.png" width="80" height="45" />
</body>
```

图 9.4　链接标签的显示效果

5. 文本格式化标签

HTML 定义了很多格式化输出的标签，例如斜体字、粗体字、强调字等。

<b> 标签表示文字加粗；<i> 标签表示斜体字；<em> 表示强调字，它的意思是在一段文字中，<em> 标签修饰的字更突出。下面是一些常用的文本格式化标签。

```
<!DOCTYPE html>
<html lang="en">

<head>
    <meta charset="UTF-8">
    <title>Document</title>
    <style type="text/css">
    body {
        background-color: #aa0;
    }
    </style>
</head>

<body>
    <b> 加粗字 </b>
    <br>
    <i> 斜体字 </i>
    <br>
    <big> 大号字 </big>
    <br>
    <em> 强调字 </em>
    <br>
    <del> 删除字 </del>
    <br> 中国
    <sub> 北京 </sub>
    <br> 文字
    <sup> 上标 </sup>
    <br>
</body>
</html>
```

对应上面的文本格式化标签设置的字体样式,在浏览器的显示效果(见图 9.5)各不相同。

图 9.5　文本格式化标签的显示效果

6 **表格标签**

表格由 <table> 标签来定义，每个表格均有若干行（由 <tr> 标签定义），每行被分割为若干单元格（由 <td> 标签定义）。字母 td 指表格数据（table data），即数据单元格的内容。数据单元格可以包含文本、图片、列表、段落、表单、水平线、表格等合法的 HTML 标签。表格代码如下：

```
<!DOCTYPE html>
<html lang="en">

<head>
    <meta charset="UTF-8">
    <title>Document</title>
</head>

<body>
    <h1>消费记录 </h1>
    <table width="400" border="1">
        <tr>
            <th align="left">消费项目 ...</th>
            <th align="right">一月 </th>
            <th align="right">二月 </th>
        </tr>
        <tr>
            <td align="left">衣服 </td>
            <td align="right">$241.10</td>
            <td align="right">$50.20</td>
        </tr>
        <tr>
            <td align="left">化妆品 </td>
            <td align="right">$30.00</td>
            <td align="right">$44.45</td>
        </tr>
        <tr>
            <td align="left">食物 </td>
            <td align="right">$730.40</td>
            <td align="right">$650.00</td>
        </tr>
        <tr>
            <th align="left">总计 </th>
            <th align="right">$1001.50</th>
            <th align="right">$744.65</th>
        </tr>
```

```
    </table>
</body>

</html>
```

上面的表格标签代码在浏览器显示成了一个消费记录的表格（见图 9.6）。

消费记录

消费项目….	一月	二月
衣服	$241.10	$50.20
化妆品	$30.00	$44.45
食物	$730.40	$650.00
总计	$1001.50	$744.65

图 9.6　表格标签的显示效果

9.2　CSS 基础

9.2.1　CSS 简介

我们看到的丰富多彩的网页，它的外观是由什么决定的呢？网页的外观是由 CSS 定义的。CSS 是级联样式表（Cascading Style Sheet, CSS）的缩写，它是为网页添加布局效果的一种样式语言，由于它使用简单方便，凡是编写网页代码，都需要学习它。

网站静态页面
前端开发基础2

CSS 主要用于定义 HTML 的布局、外观、例如某个字体的颜色、字体大小、内外边距、图像的宽度、高度等。下面将对 CSS 进行详细介绍。

9.2.2　CSS 编码规范

一个 CSS 语法规则由两部分组成：选择器、一条或者多条样式语句。

```
selector {declaration1; declaration2; ... declarationN }
```

selector 是选择器，表示需要改变的 html 元素。declaration 表示样式语句，用来定义一种样式，一般是一个属性和一个值组成，例如设置 h1 的字体为深灰色，字号为 16 像素（见图 9.7）。

这里的 h1 就是选择器（selected），表示选择 h1 标签，对 h1 标签进行外观和布局设置。

花括号"{}"包含的两条语句"color:#333; font-size:16px"就是样式语句，其中 color 和 font-size 都是属性，#333 和 16px 是属性值，属性和属性值用冒号（：）隔开。所以上面的那一句 CSS 翻译出来就是将整个 HTML 页面中的 h1 标签的字颜色设置为 #333 色（深灰色），字体大小设置为 16 像素。

图 9.7 深灰色、字号为 16 像素的标题 CSS 样式

9.2.3 CSS 属性选择器

为了灵活的选择 HTML 中的标签，设置标签的布局，CSS 定义了几种选择器：ID 选择器、类选择器、属性选择器等。

■ ID 选择器

ID 选择器是选择特定 ID 的 HTML 标签，并为它们指定样式，ID 选择器以"#"来表示，代码如下：

```
<!DOCTYPE html>
<html lang="en">

<head>
    <meta charset="UTF-8" />
    <style type="text/css">
    body {
        background-color: #FFDEAD;
    }
    #red {
        color: red;
    }
    #green {
        color: green;
    }
    </style>
</head>

<body>
    <p id="red"> 这个段落是红色。</p>
    <p id="green"> 这个段落是绿色。</p>
</body>
</html>
```

上面代码在浏览器中的效果就呈现为红色与绿色文字（见图 9.8）。

这个段落是红色。

这个段落是绿色。

图 9.8　ID 选择器指定的红色、绿色文字样式

2 CSS 类选择器

并不是每个 HTML 标签（如 div）都需要一个 ID，也可以使用类来定义 HTML 标签的布局和外观。在 CSS 中，类选择器以一个点号显示，代码如下：

```
.red {color:#ff0000; }
```

在上面的例子中，所有属于 red 类的 HTML 标签字体均设置为红色（#ff0000）。

在下面的 HTML 代码中，div 元素有 red 类。这意味着它将遵守 ".red" 选择器中的规则。

```
<!DOCTYPE html>
<html lang="en">
<head>
    <meta charset="UTF-8" />
    <style type="text/css">
    body {
        background-color: #FFDEAD;
    }

    .red {
        color: #ff0000;
    }

    .green {
        color: #00ff00;
    }
    </style>
</head>

<body>
    <div class="red">
        此处为红色字体
    </div>
    <p class="green">
        此处为绿色字体
    </p>
```

```
</body>

</html>
```

上面代码在浏览器中的效果（见图9.9）为两个段落中的文字分别为红色和绿色。

此处为红色字体

此处为绿色字体

图9.9 类选择器指定的红色、绿色文字样式

需要强调的是类名可以赋值给任意多个 HTML 标签，而 ID 在一个 HTML 页面中只能出现一次，表示唯一的一个标识，就像车牌号一样，在一个地区是唯一的。

③ CSS 属性选择器

CSS 属性选择器用来对带有指定属性的 HTML 标签设置样式，当类选择器和 ID 选择器使用不太方便的时候，可以使用属性选择器。需要注意的是在低版本的浏览器上（如 IE 6）是不支持属性选择器的，这是因为这些浏览器已经开发了超过 10 年，CSS 的一些新特性最近几年才出来。但是不用担心，这些浏览器已经退出了历史舞台，目前很少使用了。

下面的例子将带有 title 属性的 HTML 标签字体设置为红色。

```
[title]
{
    color:red;
}
```

属性选择器还有一些变种，用来实现更强大的属性选择器，部分属性选择器的意义如表 9-1 所示。

表 9-1 部分属性选择器及其意义

选择器	意义
[attribute]	用于选取带有指定属性的 HTML 标签
[attribute=value]	用于选取属性 attribute 值等于 value 的 HTML 标签
[attribute~=value]	用于选取属性 attribute 值中包含 value 的 HTML 标签
[attribute|=value]	用于选取带有以指定值开头的属性值的元素，该值必须是整个单词
[attribute^=value]	匹配属性值以指定值开头的每个元素
[attribute$=value]	用于选取属性 attribute 值以 value 结尾的 HTML 标签
[attribute*=value]	用于选取属性 attribute 值包含 value 的 HTML 标签

下面的代码是属性选择器的常用形式。

```
<!DOCTYPE html>
<html lang="en">
<head>
    <meta charset="UTF-8" />
    <style type="text/css">
    body {
        background-color: #FFDEAD;
    }

    [title="username"] {
        color: red;
    }

    [id="id1"] {
        color: green;
    }

    [id^="id12"] {
        color: blue;
    }
    </style>
</head>

<body>
    <input value=" 请输入您的用户名 "title="username" />
    <div id="id1"> 此处为绿色，匹配属性 id 的值为 id1 的标签 </div>
    <div id="id12345"> 此处为蓝色，匹配属性 id 的值以 id12 开始的标签
</div>
</body>
</html>
```

上面代码在浏览器中的效果（见图 9.10）对比十分明显。

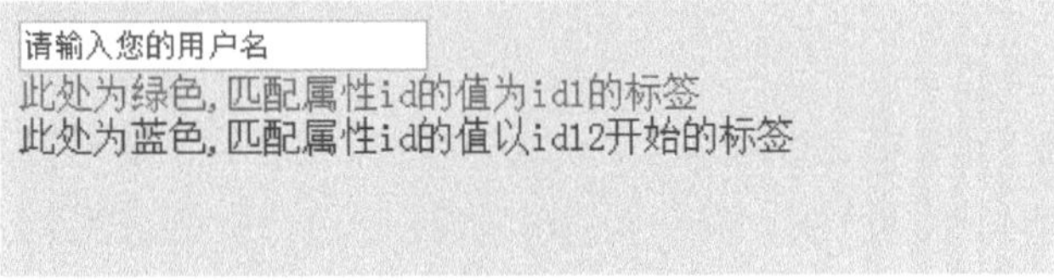

图 9.10　CSS 属性选择器指定的各种形式

9.2.4　网页中应用样式表

要想在浏览器中显示出预期的 CSS 样式表效果，就要让浏览器识别并正确调用 CSS。

这里介绍三种在 HTML 页面中插入 CSS 样式表的方法：一是链入外部样式表；二是内部样式表；三是内嵌样式。下面对这几种样式表进行详细介绍。

1 链入外部样式表

链入外部样式表是把样式表保存为一个样式表文件，扩展名为 .css，然后在页面中用 <link> 标记导入样式文件到网页中，这个 <link> 标记必须放到页面的 <head> 区内，如下所示。

```
<head>
...
<link href="mystyle.css" rel="stylesheet" type="text/css" />
...
</head>
```

上面这个例子表示浏览器在页面所在的路径读取 mystyle.css 样式表，rel=" stylesheet " 是指在页面中使用这个外部的样式表，type=" text/css " 是指文件的类型是样式表文本，href=" mystyle.css " 是文件所在的位置。

一个外部样式表文件（如 mystyle.css 文件）可以应用于多个页面。当你改变这个样式表文件时，所有页面的样式都随之而改变。在制作大量相同样式页面的网站时，非常有用，不仅减少了重复的工作量，而且有利于以后的修改、编辑，也减少了浏览器重复下载代码样式表文件，这对提高网站的访问速度是很重要的，链入外部样式表是目前用得最多的一种样式导入方式。

使用外部样式表时，只需要在外部样式表中写上样式就可以了，使用任何的文本编辑器都可以书写，这里推荐大家使用 dreamweaver、sublime 等流行工具。下面是一个 mystyle.css 的例子。

```
// 这是一个注释
body {color: #ff0000; background-image: url ("images/back.jpg")}
p {margin-left: 20px}
.red{color:#ff0000; }
```

2 内部样式表

内部样式表是把样式表放到页面的 <head> 区里，这些定义的样式就应用到页面中了，样式表是用 <style> 标记插入的，从下例中可以看出 <style> 标记的用法。

```
<head>
...
<style type="text/css">
body {color: #ff0000; background-image: url ("images/back.jpg")}
```

```
p {margin-left: 20px}
.red{color:#ff0000; }
</style>
...
</head>
```

3 内嵌样式表

内嵌样式表是在 HTML 标签中使用的，用这种方法可以很简单地对某个元素单独定义样式。内嵌样式的使用是直接在 HTML 标签中加入 style 属性，而 style 属性的内容就是 CSS 的属性和值，如下面的例子。

```
<!-- 这是一个字体为红色，左边距为 20 像素的段落 -->
<p style="color: #ff0000; margin-left: 20px; ">
这是一个段落
</p>
```

9.2.5　CSS 常用属性

1 CSS 背景

CSS 可以使用纯色作为背景，也可以使用一幅图片作为背景，可以使用 background-color 属性为标签设置背景色。这个属性接受任何合法的颜色值。下面这条规则设置所有的 div 背景为红色：

```
div {background-color: red; }
```

background-color 其默认值是 transparent，transparent 是 "透明" 的意思，也就是说，如果一个元素没有指定背景色，那么背景就是透明的，这样其下层元素的背景才能可见。

2 CSS 文本属性

CSS 文本属性用来定义文本的外观，如颜色、字体大小、对齐方式、缩进等。text-indent 属性实现文本缩进，这个属性用来将首段的首行进行缩进，下面的语句，将 p 标签缩进 2 个 em 单位：

```
p {text-indent: 2em; }
```

text-align 属性用来定义一个元素中文本的对齐方式。它的值一般有 left、center、right，分别表示左对齐、居中、右对齐。

text-decoration 属性是一个常用的属性，一般用来对文字添加下画线，例如链接标签 a，默认就带有下画线。 text-decoration 可以取 none、underline、overline、line-through 和 blink。它们的意思分别如下。

none 表示关闭原本应用到一个标签上的所有样式，例如 a 标签默认有下画线，如果将 text-decoration 设置为 none，那么就表示去掉下画线。

underline 会对元素加下画线，overline 与 underline 恰好相反，会在文本的顶端加一个上画线。

line-through 表示在文本的中间画一条线。

Blink 表示让文本闪烁起来，不过有的浏览器不支持这个特性，需谨慎使用。

line-height 属性非常重要，使用也非常多，表示文字行间的高度。下面的规则表示设置 p 标签的行高为 24 像素：

```
p{line-height:24px}
```

下面的代码总结了一些常用的 CSS 文本属性。

```html
<!DOCTYPE html>
<html lang=" en" >
<head>
    <meta charset="UTF-8" />
    <style type="text/css">
    body {
        background-color: #FFDEAD;
    }
    </style>
</head>

<body>
    <p> 无缩进的文本 </p>
    <p style="text-indent:2em; ">text-indent 属性实现文本缩进 </p>
    <p style="text-align:center">text-align 属性实现文本居中 </p>
    <p style="text-decoration:underline"> 定义文本下显示一条线 </p>
    <p style="text-decoration:overline"> 定义文本上显示一条线 </p>
    <p style="text-decoration:line-through"> 定义文本中显示一条线 </p>
</body>
</html>
```

上面代码在浏览器中的各种文本效果（见图 9.11）在实际设计表现中运用频率很高。

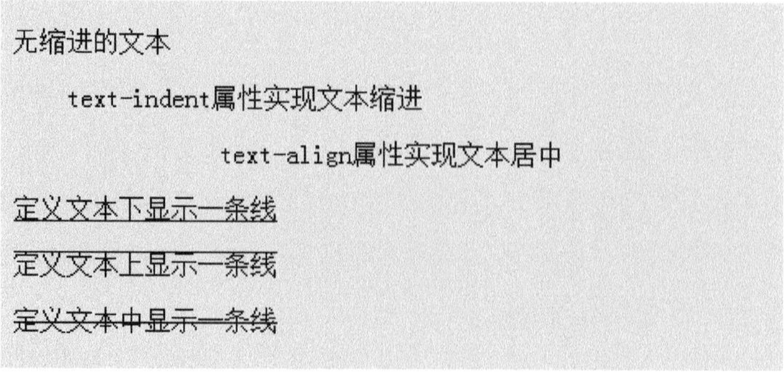

图 9.11　CSS 文本属性各类效果

3. CSS 字体属性

CSS 字体属性定义文本的字体名字、大小、加粗和风格（如斜体）等。使用字体名字，可以使用 font-family 属性，如下定义了 body 中的所有文本使用微软雅黑字体：

body{font-family:" 微软雅黑 " }

如果用户的计算机上没有微软雅黑，可能出现一种不确定的字体，这时候可以多指定几种字体，代码如下：

body{font-family:" 微软雅黑 "，" 宋体 "，" 楷体 " }

这样会从左到右选择字体。

9.2.6　CSS 盒子模型

CSS 盒子模型又称框模型（见图 9.12），它是 HTML+CSS 最核心的知识之一，理解这个概念可以更好地理解 HTML 的各个元素是怎样布置在浏览器页面中的。

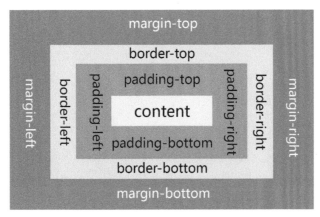

图 9.12　CSS 盒子模型效果示意图

上面这个图表示 HTML 的每个标签都可以具有这些属性，它分别定义了每个标签的外边距（margin）、边框（border）、内边距（padding）和内容（content）。这几个属性的含义分别如下。

外边距（margin）：最外层的外边距，和另一个 HTML 元素的距离，当然可以为 0，外边距是透明的，没有颜色，肉眼无法看到。

边框（border）：围绕在内边距和外边距之间的边框，可以有宽度，并且也可以有颜色，边框也可以有样式，如点画线、实心线等，后面会详细介绍。

内边距（padding）：内容和边框之间的距离，内边距是透明的。

内容（content）：内容区表示盒子模型的内容，主要显示文本、图像、链接等。

以上盒子模型的几个重要概念，在此将分别解释如下。

1. 外边距（margin）属性

margin 属性定义了外边距，它可以单独设置上下左右的边距，也可以一次改变所有的属性。单独设置上下左右边距的好处是：可以设置左边距为 10 像素，右边距为 0 像素，这样可以灵活地控制元素的总体大小。

单独指定上下左右边距的属性是上边距（margin-top）、（下边距）margin-bottom、（左边距）margin-left、（右边距）margin-right。

所有边距的取值如表 9-2 所示。

表 9-2　外边距的取值及说明

外边距的取值	说明
length	定义边距的大小，一般以像素（px) 作为单位
%	定义一个使用百分比的边距
auto	使用一些特殊规则自动设置，这个后面详细解释

除了写出完整的 margin-left、marging-right 等，margin 也可以简写。一般情况下 margin 可以有 4 个值，代码如下：

```
margin: 35px 40px 65px 90px;
分别表示：
上边距为 35 像素；
右边距为 40 像素；
下边距为 65 像素；
左边距为 90 像素。
细心的读者会发现，margin:35px 40px 65px 90px 等价于
margin-top:35px; margin-right:40px; margin-bottom:65px; margin-left:90px;
margin 也可以接受 3 个值，代码如下：
margin:35px 40px 65px;

分别表示：
上边距为 35 像素；
左右边距为 40 像素；
下边距为 65 像素。
等价于：
margin-top:35px; margin-right:40px; margin-bottom:65px; margin-left:40px;
margin 也可以接受 2 个值，代码如下：
margin:25px 50px;
分别表示：
上下边距为 25 像素；
左右边距为 50 像素。
等价于：
margin-top:25px; margin-right:50px; margin-bottom:25px; margin-left:50px;
margin 也可以接受 1 个值，代码如下：
margin:25px;
表示所有的 4 个边距都是 25 像素。
```

等价于：

```
margin-top:25px; margin-right:25px; margin-bottom:25px; margin-left:25px;
```

2 边框（border）属性

边框（border）属性允许用户指定一个元素边框的样式和颜色，CSS 边框属性描述如表 9-3 所示。

表 9-3　边框属性及描述

属性	描述
border	边框的简写属性
border-style	边框的样式
border-width	边框的宽度
border-color	边框的颜色
border-bottom	下边框的简写属性
border-bottom-color	下边框的颜色
border-bottom-style	下边框的样式
border-bottom-width	下边框的宽度
border-left	左边框的简写属性
border-left-color	左边框的颜色
border-left-style	左边框的样式
border-right-width	左边框的宽度
border-right	右边框的简写属性
border-right-color	右边框的颜色
border-right-style	右边框的样式
border-right-width	右边框的宽度
border-top	上边框的简写属性
border-top-color	上边框的颜色
border-top-style	上边框的样式
border-top-width	上边框的宽度

例子如下：

```
<!DOCTYPE html>
<html>
<head>
    <meta charset="utf-8">
    <title>标题 </title>
```

```
<style>
p.one {
    border-style: dotted;
    border-color: red;
}

p.two {
    border-style: solid;
    border-color: #95be21;
}

p.three {
    border-top:dotted #0f0 3px;
    border-bottom:solid #ff0 1px;
}
</style>
</head>

<body>
    <p class="one"> 点画红线边框 </p>
    <p class="two"> 实线绿色边框 </p>
    <p class="three"> 上边框为绿色点画线，下边框为黄色实线 </p>
</body>
</html>
```

上面代码在浏览器中的效果将有点画红线边框，实线绿色边框和上边框为绿色点画线、下边框为黄色实线 3 种（见图 9.13）。

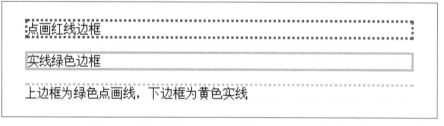

图 9.13 点画红线边框（上）和实线绿色边框（下）效果

③ 填充（padding）属性

填充（padding）属性定义元素边框与元素内容之间的空间。padding 的取值和 margin 相同，可以为 30px、10%、auto 等类似值。

```
<!DOCTYPE html>
<html>
```

```
<head>
    <meta charset="utf-8">
    <title> 标题 </title>
    <style>
    p {
        background-color: yellow;
    }

    p.padding {
        padding-top: 25px;
        padding-bottom: 25px;
        padding-right: 30px;
        padding-left: 50px;
    }
    </style>
</head>

<body>
    <p> 这是一个没有内边距的段落。</p>
    <p class="padding"> 这是一个指定内边距的段落。</p>
</body>
</html>
```

上面代码在浏览器中的效果（见图 9.14）能很好地诠释填充属性值不同的意义。

图 9.14　填充属性的应用效果

4. 盒子模型完整示例

下面的代码是一个完整的盒子模型示例（见图 9.15），代码中它设置了内边距 padding、边框 border、外边距 margin。

```
<!DOCTYPE html>
<html lang="en">

<head>
    <meta charset="UTF-8" />
    <style type="text/css">
```

```
    body {
        background-color: #FFDEAD;
    }
    html,
    body {
        margin: 0px;
        padding: 0px;
    }

    div.box {
        width: 200px;
        padding: 80px;
        border: 10px solid gray;
        margin: 40px;
        background-color: #FFFF66;
    }
    </style>
</head>

<body>
    <div class="box">box盒模型示例，宽度为200像素，内边距为80像素，边框宽度为10像素，
外边距为40像素 </div>
</body>

</html>
```

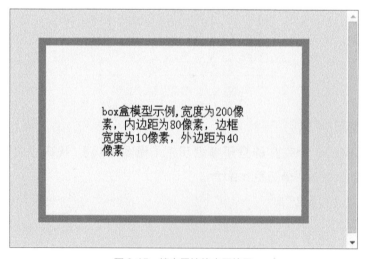

图 9.15　填充属性的应用效果

　　通过 Chrome 浏览器的调试工具，可以看到这个 box 的盒子模型和我们设置的一样
（见图 9.16 ）。

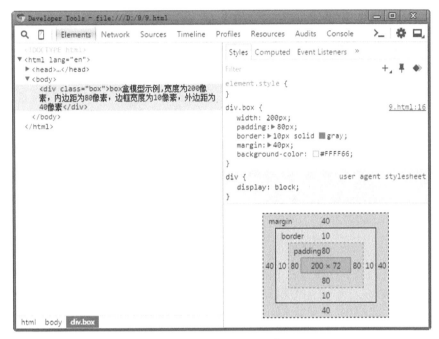

图 9.16　填充属性的应用效果

通过本例，我们还需要了解盒子模型整个元素占用的总宽度和总高度，其计算公式分别如下。

```
总元素的宽度 = 左边距（margin-left）+ 左边框（border-left）+ 左填充（padding-left）+
宽度（width）+ 右填充（padding-right）+ 右边框（border-right）+ 右边距（margin-right）
总元素的高度 = 上边距（margin-top）+ 上边框（border-top）+ 顶部填充（padding-top）+
高度（height）+ 底部填充（padding-bottom）+ 下边框（border-bottom）+ 下边距
（margin-bottom）
```

9.3　JavaScript 脚本基础

如果将静态网页比作成一个人，那么 HTML 就是人的骨骼、CSS 则是血肉、而 JavaScrpit 就是人的动态。理解 JavaScript 最好的方式之一就是了解它的历史，这有助于全面理解 JavaScript 在整个计算机理论和工业界中所处的重要位置。

网站静态页面
前端开发基础 3

9.3.1　JavaScript 简介

JavaScript 的诞生于 1995 年前后，是由 Netscape（网景）公司发明的。JavaScript 最初主要用来处理网页的前端验证，如当用户输入密码的时候，验证密码是否包含字母和数字。经过 20 多年的发展，JavaScript 目前的功能已经非常强大了。我们现在所看到的网站的大多数效果都是用 JavaScript 实现的，所以掌握 JavaScript 是制作网站很重要的技能之一。在工业界中大家常把 JavaScript 简称为 JS，JavaScript 和 JS 实则表述为同一脚本语言。

9.3.2 HTML 中使用 JavaScript

JavaScript 必须放在 HTML 的 <script> 与 </script> 标签之间，代码如下：

```
<script>
    alert ( " 这里是 html 脚本 " );
</script>
```

上面的代码，<script> 和 </script> 会指明了 JavaScript 的开始和结束。浏览器会将 <script> 和 </script> 之间的代码，理解为 JavaScript，也许在有些书中的代码如下：

```
<script type="text/javaScript" >
alert ( " 这里是 html 脚本 " );
</script>
```

传统的 JavaScript 代码，<script> 标签中使用 type="text/javaScript"，但现在的浏览器默认使用 JavaScript 作为脚本语言，因此不需要显示的指定脚本属于哪一种语言了。

9.3.3 JavaScript 的变量

要了解 JavaScript 语法，我们先从变量开始，变量是 JavaScript 中表示计算结果或值的一个抽象概念，和数学中的变量 x、y、z 差不多。变量可以通过变量名访问。

变量名的命名规范需要遵守两条简单的规则，一是第一个字符必须是字母、下画线（_）或美元符号（$），不能以数字开始；二是后面的字符可以是下画线、美元符号、任何字母或数字字符。

下面的变量都是合法的。

```
var name;
var $name;
var $1;
var _name;
```

上面的 var 表示声明一个变量，var 是 JavaScript 的关键字，不能用作变量名。

变量的赋值直接使用等号（=），代码如下：

```
var v = "hello";
```

9.3.4 JavaScript 操作 HTML 标签

很多时候我们都需要使用 JavaScript 来操作 HTML，以下这几种情况是经常发生的：

一是登录失败的时候，改变某个 HTML 标签的显示内容，以提示用户名或者密码错误；二是改变某个 HTML 标签的 CSS 样式，如改变标签的颜色、字体大小、背景色等。

JavaScript 使用 document.getElementById（id）方法来操作某个 HTML 标签，id 表示某个 HTML 标签的唯一标识。下面是一个改变标签内容的例子。

```
<!DOCTYPE html>
<html>
<body>
<p id="demo"></p>
<script>
    document.getElementById ( "demo").innerhtml=" 这是第一段 ";
</script>


</body>
</html>
```

最开始 id 为 demo 的 p 标签中什么内容都没有，当执行 document.getElementById ("demo").innerhtml=" 这是第一段 " 的时候，其内容被设置为 " 这是第一段 "，这时候 p 标签变为 <p id="demo"> 这是第一段 </p>，这样 p 标签中就有文字了。

9.3.5　JavaScript 的注释

当代码写多了，难免有不好理解和阅读的地方，这时候需要给代码写一些注释。写注释是一个很好的习惯，它不仅可以帮助你在未来回忆起代码的含义，而且可以帮助团队成员理解你代码的意图。JavaScript 注释分单行和多行注释，单行注释以"//"开始，下面是使用单行注释的例子。

```
// 给 myH1 设置一段文本
document.getElementById ( "myH1").innerhtml=" 学习 JavaScript 是一件很有乐趣的事情 ";
```

多行注释以"/*"开始，以"*/"结尾，下面是使用多行注释的例子。

```
/*
下面的这些代码会
给 myH1 标签设置一段文本
*/
document.getElementById ( "myH1").innerhtml=" 学习 JavaScript 是一件很有乐趣的事情 ";
```

请注意，被注释的代码不会被执行，它仅仅是被人看的，不能被浏览器执行。

9.3.6　函数

一个函数的代码包含了一对花括号中，用关键词 function 来表示函数，代码如下：

```
function functionname ( )
{
    // 这里是要执行的代码
}
```

函数也可以带有参数，传入的参数不同，返回的结果可能也不同。

```
function add ( x, y)
{
  return x + y ;
}
```

这里是一个加法函数，传入 2 个参数 *x* 和 *y*，函数的功能是把 *x* 加 *y* 的和返回。function 是函数关键字，不能更改，add 是函数名，*x* 和 *y* 是参数。

当写好函数需要执行，调用函数的代码如下：

```
Var total = add ( 3, 4);
```

这里 total 的值是 3+4 的和为 7。

9.3.7 JavaScript 的运算符

JavaScript 的运算符和数学中的运算符差不多，前面我们接触了 =、+ 等运算符，其意义也和数学中的意义一样。JavaScript 运算符主要有：算数运算符、赋值运算符、关系运算符等。

1 算数运算符

算数运算符主要执行变量之间的算数运算，下表取 *y*=4，解释了常用的算数运算符运算规则。

运算符	说明	例子	结果
+	加	$x=y+2$	$x=6$
−	减	$x=y-2$	$x=2$
*	乘	$x=y*2$	$x=8$
/	除	$x=y/2$	$x=2$
%	求余数	$x=y\%2$	$x=0$
++	递增	$x=++y$	$x=5$
−−	递减	$x=--y$	$x=4$

2 赋值运算符

赋值运算符用于给变量赋值，下面的表格解释赋值运算符的赋值规则（设 *x*=10，*y*=5 ）。

运算符	说明	例子	等价于	结果
=	直接赋值	$x=y$		$x=5$
+=	将左边的数加右边的数，然后赋值给左边	$x+=y$	$x=x+y$	$x=15$
−=	将左边的数减右边的数，然后赋值给左边	$x-=y$	$x=x-y$	$x=5$
*=	将左边的数乘右边的数，然后赋值给左边	$x*=y$	$x=x*y$	$x=50$

续表

运算符	说明	例子	等价于	结果
/=	将左边的数除右边的数，然后赋值给左边	$x\ /= y$	$x = x\ /\ y$	$x=2$
%=	将左边的数取模右边的数，然后赋值给左边	$x\ \%= y$	$x = x\ \%\ y$	$x=0$

上面提到的取模，就是计算余数的意思，例如 5%4=1，就是指 5 取 4 的模为 1。

3.关系运算符

关系运算符主要用于比较功能，每一个关系运算符都返回一个布尔值。布尔值是一个特殊的值，它要么为真（true），要么为（false）。

如"姚明是一个篮球运动员？"这句话为真的，所以其布尔值为真（true）。

又如"姚明是女性？"这句话是假的，所以其布尔值为假（false）。

常用的关系运算符有小于（<）、大于（>）、小于等于（<=）和大于等于（>=），下面是 2 个例子，注释中是得到的布尔值。

```
var bResult1 = 3 > 1    //true
var bResult2 = 3 < 1    //false
```

9.3.8　JavaScript 的 3 种流程控制

编程语言中有 3 种流程控制结构，分别是顺序结构、条件结构和循环结构。

1.条件结构

条件结构就是按照条件执行相应的语句。首先我们来看一下条件语句，条件语句根据不同的条件，执行不同的代码。常用的条件语句有如下 3 种。

（1）if 语句

```
if（条件）{
    只有当条件为 true 时执行的代码
}
```

当条件为 true 时，执行花括号中的语句。

（2）if…else…语句

```
if（条件）{
    当条件为 true 时执行的代码
}else{
    当条件不为 true 时执行的代码
}
```

当条件为 true 时，执行 if 中的语句，当条件为 false 时，执行 else 中的语句。

（3）if…else if…else 语句

当条件 1 为真时，执行条件 1 中的语句，当条件 1 为假时，执行条件 2 的语句，当条件 2 为假时，执行最后一个 else 语句。

```
if（条件 1）{
    当条件 1 为 true 时执行的代码
}else if（条件 2）{
    当条件 2 为 true 时执行的代码
}else{
    当条件 1 和 条件 2 都不为 true 时执行的代码
}
```

2. 循环结构

循环是反复的执行相同的代码，例如上课点名，就可以使用循环来减轻老师的负担。不用循环，点名的时候可能写如下的代码。

```
Var roster =["李白","杜甫","白居易","高适","岑参"];
document.write（roster[0]）;
document.write（roster[1]）;
document.write（roster[2]）;
document.write（roster[3]）;
document.write（roster[4]）;
```

如果有几十个人需要点名，那么这样写比较麻烦，不妨使用循环来实现这个功能。循环有 for 循环和 while 循环，for 循环的语法如下：

```
for（语句 1；语句 2；语句 3）{
    被执行的代码块
}
```

语句 1 在循环代码块开始前执行，进行必要的初始化；

语句 2 定义运行循环代码块的条件，只有满足条件，才能每次执行循环中的代码；

语句 3 在循环中的代码被执行之后执行。

While 循环会在指定条件为真时循环执行代码块。语法如下：

```
while（条件）{
    需要执行的代码
}
```

下面的代码打印出 0 到 4。

```
var i=0;
while（i<5）{
    console.log（"The number is " + i）;
    i++;
}
```

9.3.9　JavaScript 与 HTML 的交互

JavaScript 可以操作 HTML，当 HTML 网页被加载时，浏览器会创建页面的文档对象模型（Document Object Model，DOM）。JavaScript 通过操作 DOM 来控制 HTML 中标签。

JavaScript 可以创建、访问 HTML 中的各种元素，例如可以更改一个 p 标签的内容，添加一个 div 标签等。总结起来，可以通过以下几种方式获得 HTML 标签元素。

1 通过 ID 查找 HTML 元素

在 DOM 中查找 HTML 标签最简单的方法是通过使用标签的 ID 属性，下面的例子通过 getElementById 函数查找 id="intro" 元素。

```
var x=document.getElementById ("intro");
```

如果找到该元素，则该方法将以对象的形式返回该元素，如果未找到该元素，则 x 将被设置为空（undefined）。

2 通过标签名查找 HTML 元素

可以通过 getElementsByTagName 函数查找特定标签名的元素。本例查找 id="main" 的元素，然后查找 id="main" 元素中的所有 <p> 元素。

```
var x=document.getElementById ("main");
var y=x.getElementsByTagName ("p");
```

3 通过类名找到 HTML 元素

本例通过 getElementsByClassName 函数来查找 class="intro" 的元素。

```
var x=document.getElementsByClassName ("intro");
```

9.4　案例——幻灯片效果

本节将简要地讲解一下网页中经常使用的一种动态效果——幻灯片效果（见图 9.17），即幻灯片中的两个 Banner 会自动轮播，当单击页面左右两边的箭头按钮，可以左右切换图片，形成幻灯片的效果。

幻灯片效果

图 9.17　网页幻灯片效果

此例我们使用了 JQuery 来实现这个效果。JQuery 是一个快速、简洁的 JavaScript 框架，它的设计原则是"write Less，Do More"，也就是用更少的代码做更多的事情。JQuery 封装了 JavaScript 常用的功能代码，这样能够更容易的操作 HTML，处理网页事件、动画交互等。虽然我们可以使用 JavaScript 来实现同样的效果，但是 JavaScript 实现需要更多的代码，没有 JQuery 简单易用，因此这里使用 JQuery。

9.4.1 Jquery.anythingslider 插件

Jquery.anythingslider 是一款基于 JQuery 的 JavaScript 幻灯图片插件，具有多种图片切换方式，如自动切换、单击键盘上的左右箭头切换、数字键切换等。这里我们简要介绍一下 anythingSlider 的用法。

9.4.2 Jquery.anythingslider 的用法

Jquery.anythingslider 中有一个 anythingSlider 函数，这个函数的各个参数及意义如下。

```
$ ( '#slider').anythingSlider ( {
  theme: "default",            // 幻灯片的外观主题
  autoPlay: false,
// 如果设置为 true，那么打开页面后幻灯片就会自动开始播放
  delay: 3000,                 // 自动播放模式下，幻灯片每 3s 轮换一次
  animationTime: 600,          // 幻灯片的过渡时间，从一张幻灯片到另一张所用的时间
  buildNavigation:false,       // 不显示导航按钮
  buildStartStop:false,        // 不显示开始停止按钮
  ...
});
```

其中 slider 是需要轮播的一组图片的标签，一般定义如下：

```
<ul id="slider">
      <li><img src="demos/images/banner1.jpg" alt=""></li>
      <li><img src="demos/images/banner2.jpg" alt=""></li>
</ul>
```

本幻灯片中有两张 Banner（见图 9.18），其中 Banner 的底色与网页背景都采用了黑色背景，导出格式为 JPG，即达到了视觉统一的效果还节约了空间大小。每一张图包含在一个 li 标签中，在设计幻灯片内容时不仅要考虑到 Banner 最终视觉效果还要考虑到其大屏的兼容性。

图 9.18-1　Banner1

DS BIKER
FINGER

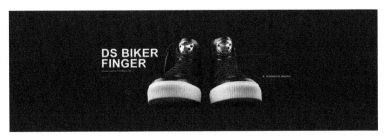

图 9.18-2　Banner2

通过如下的代码，可以将其变为一个 slider 的样式。

```
$ ( function ( ){
      $ ( '#slider').anythingSlider ( );
});
```

anythingSlider 函数会设置 slider 的样式，将 slider 中的 4 张图重合在一起，并且为其添加左滑右滑按钮。

9.4.3　顶部导航 Logo 及菜单

除了幻灯片效果，本案例顶部导航还有 Logo 和菜单（见图 9.19）。

DEALER STREAK
首页
作品
思想
联系

图 9.19　网页顶部的 Logo 与菜单

Logo 为一张 png 格式的图片（见图 9.20），可以直接使用 a 标签中嵌套 img 标签，这样 Logo 就能够单击跳转到首页了。

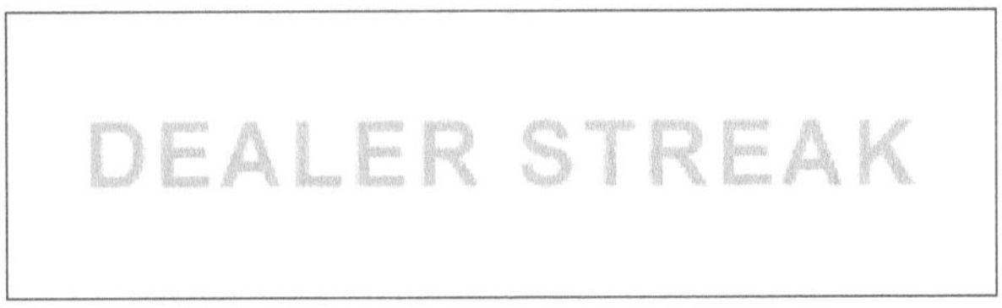

DEALER STREAK

图 9.20　png 格式的 Logo 图片

实现 Logo 的 HTML 代码如下：

```
<div id="headTop">
     <a href="" id="logo"><img src="images/149191875865.png" height="44"></a>
</div>
```

菜单使用 ul li 来表示。

```
<ul class="nav movedx" data-movedx-mid="1">
  <li class="navitem"><a class="active" href="" target="_self"> 首页 </a></li>
    <li class="navitem"><a href="" target="_self"> 作品 </a></li>
      <li class="navitem"><a href="" target="_self"> 思想 </a></li>
        <li class="navitem"><a href=" target="_self"> 联系 </a></li>
</ul>
```

ul li 是表示菜单，列表最标配的方式，对于横向菜单需要将 li 的 CSS 属性 float 设置为 left，对于竖向菜单，可以保持不向左浮动，从而保持分行显示的样式。

实现菜单的 CSS 代码如下：

```
ul.nav li{
  float: left;
  width: 30px;
  line-height: 60px;
  display: block;
  margin:auto 10px;
  font-size: 14px;
}

ul.nav li a{
  color: #FFF;
  cursor: pointer;
}

ul.nav li a:hover{
  color: #F00;
  border-bottom: 2px solid #f00;
}
```

9.4.4 幻灯片效果完整代码

幻灯片效果完整的 HTML+CSS 代码在代码包 code\9 中，代码中有详细的注释。重新写一遍代码，有助于深入理解本课的案例，下面列出本案例的完整代码。

```
<!DOCTYPE html>
<html>
<head>
    <meta charset="utf-8">
    <title> 幻灯片效果 demo</title>
    <link rel="shortcut icon" href="demos/images/favicon.ico" type="image/x-icon">
    <link rel="apple-touch-icon"
    href="demos/images/apple-touch-icon.png">
```

```html
<!-- JQuery 库 -->
<script src="js/jquery.min.js"></script>
<!-- 样式 -->
<link rel="stylesheet" href="demos/css/page.css">
<!-- 幻灯片样式 -->
<link rel="stylesheet" href="css/anythingslider.css">
<!-- 幻灯片插件代码 -->
<script src="js/jquery.anythingslider.js"></script>
<!-- 幻灯片宽度和高度 -->
<style>
#slider{
    width: 100%;
    height: 600px;
}
</style>
<!-- 将 id 为 slider 的 ul 标签生成幻灯片 -->
<script>
// DOM Ready
$ ( function ( ) {
    $ ( '#slider').anythingSlider ( {
        buildNavigation: false,
        buildStartStop: false,
        autoPlay: true,
        buildArrows: false,
        delay: 1500,
    });
});
</script>
</head>

<body id="simple">
    <div id="header"class="">
        <div class="wrapper">
            <div class="content">
                <div id="headTop">
                    <a href="" id="logo"><imgsrc="images/149191875865.png"height="44"></a>
                </div>
                <div id="navWrapper">
                    <div class="content">
                        <ul class="nav movedx" data-movedx-mid="1">
                            <li class="navitem"><a class="active" href="" target="_self">
首页 </a></li>
                            <li class="navitem"><a href=" target="_self"> 作品 </a></li>
```

```
                    <li class="navitem"><a href="" target="_self"> 思想 </a></li>
                    <li class="navitem"><a href=" target="_self"> 联系 </a></li>
                </ul>
            </div>
        </div>
        <divclass="clear" ></div>
      </div>
    </div>
  </div>
  <div>
    <div>
      <ahref="" ></a>
    </div>
  </div>
  <!-- 幻灯片布局 -->
  <ulid="slider">
    <li><imgsrc="demos/images/banner1.jpg"alt="></li>
    <li><imgsrc="demos/images/banner2.jpg"alt=""></li>
  </ul>
</body>
</html>
```

结合代码，仔细理解一下本课的案例，就会有更多收获。

第 10 章
餐厅网站
静态页面设计

前期准备
网页界面设计
网站布局
网站动效表现

第10章　餐厅网站静态页面设计

本章案例来自优艺客创始人、知名设计师韩雪冬"牛扒工厂"西式餐厅的官网设计作品，在此将全面详解网站静态页面从无到有，集策划、设计与制作于一体的诞生全过程。

餐饮类网站
静态页面设计 1

10.1　前期准备

10.1.1　项目背景

目前西式餐厅种类繁多，官网对于实体餐厅的意义在于：一是展示品牌形象，把餐厅背后所沉淀的文化气质、菜品服务、品牌口碑通过官网展示出来，二是抓潜营销、拓展销售渠道，把菜品或服务传播出去，让更多有需求的用户可以通过官网查询到餐厅的地点、联系方式，或者留下他的需求信息，从而产生销售机会。

本案例的服务对象是"牛扒工厂 Steak Factory"——原创品牌餐厅。此餐厅主要是以扒类为主题的高档新式西餐，针对的客源为高薪白领和时尚的顾客。在与客户多次交流后，他们希望建立一个有别于市场上任何同类餐厅官网的、尽力突出电影色彩感效果的网站，并能借助官网的建立提升品牌知名度，从而制造新的销售机会。于是我们拟定了网站的设计实施方案，对于前端设计的方案流程大概可以归纳为前期策划—制订网站框架—交互原型设计—网站界面设计—网站布局—动效与表现 6 个步骤。

10.1.2　前期策划

在项目开发之初，需要做详尽的市场调研与竞品分析，下面从品牌定位、功能框架、界面布局、视觉风格四个维度调查分析国内三家同类牛排西餐厅，即我家牛排、西提牛扒、王品牛排（见图 10.1）。

品牌	我家牛排	西提牛扒	王品牛排
网站截图			
品牌定位	定位于平民化牛排餐厅，适宜情侣约会、商务宴请	定位都市时尚牛排餐厅，目标人群是 20~35 岁中收入白领	定位于高档牛排餐厅，适合公务宴请商务宴请
功能框架	活动信息、关于我家、我家菜单、下载区、门市据点、客服 and 合作提案	寻找 Tasty、非尝不可、哈烧活动、热血公益、Tasty club、美味絮絮谈	关于王品、王品版图、珍藏美食、菁选活动、菁英礼赞、会员专区、美食漫谈、联系我们，有多种语言切换功能

图 10.1　竞品分析

品牌	我家牛排	西提牛扒	王品牛排
界面布局	固定布局	固定布局 + 流动布局	固定布局
视觉表现	手绘风格，卡通插画加上鲜艳的色彩显得网站轻松有活力	手绘风格，Flash 动画及内页的电子杂志显得页面活泼、亲和力	简约风格，简洁的文字、大面积的黑色突出品牌的高档品质感

图 10.1　竞品分析（续）

调查结果表明三家网站依据其品牌定位及服务特点，在页面功能上虽略有差异，但基本功能一致，包括关于品牌、菜品菜单、门市地点、会员活动、联系我们这四个版块。布局上基本都使用了固定布局，只有西提牛扒选择了固定布局 + 流动布局。为了追求与众不同的效果，我们决定从"牛扒工厂"西餐厅的一些对象入手，如神秘的后厨，有了这个灵感后我们参观了餐厅及后厨的整体环境，策划将神秘又神圣的后厨环境搬上网页，突出其品牌年轻、潮流和美食的新概念，吸引更多潜在用户。

10.1.3　确定网站信息框架

完成前期调研与策划后，在围绕"牛扒工厂"的品牌定位和服务范围的基础上，我们对网站的信息结构进行了初步梳理，将网站功能划分为：首页、我们、环境、菜品、服务、工作、推荐 7 个板块。接着又向下细分了 7 个版块的栏目内容（见图 10.2），确定了网站的信息框架。

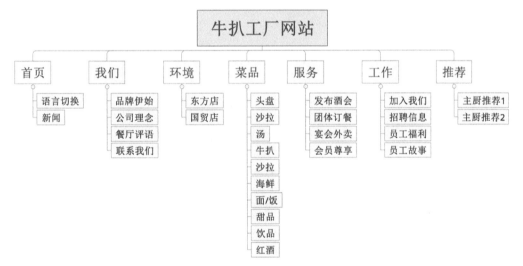

图 10.2　"牛扒工厂"网站信息框架

10.1.4　交互原型设计

在确定了网站信息框架后，我们选取了首页、2 个列表页、1 个详细页（见图 10.3）3 类页面中各一张页面制作成交互原型，便于团队内部和与客户讨论。

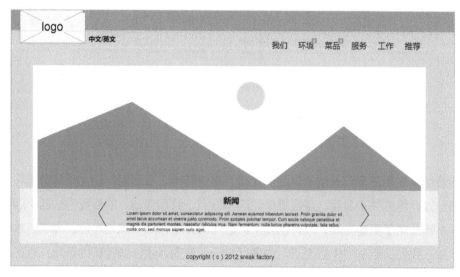

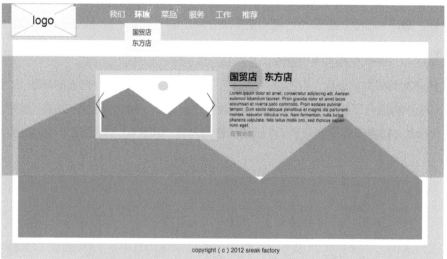

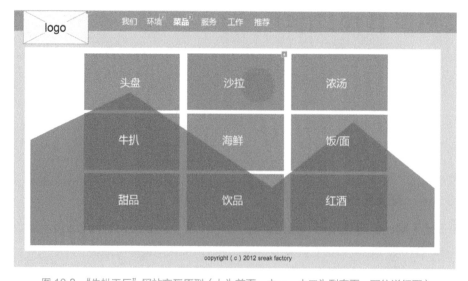

图10.3 "牛扒工厂"网站交互原型（上为首页，中一、中二为列表页、下位详细页）

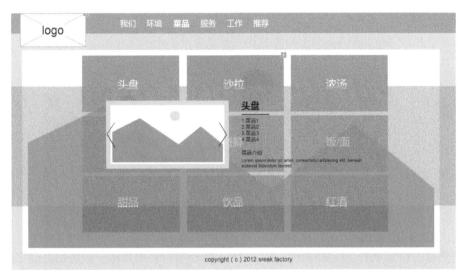

图 10.3　"牛扒工厂"网站交互原型（上为首页，中一、中二为列表页、下位详细页）（续）

10.2　网页界面设计

10.2.1　整体视觉风格定位及首页设计

我们将后厨环境引进网页的这一想法，在与客户进一步的沟通中得到了肯定。于是我们开始绘制草图（见图 10.4），逐步落实界面中的各个视觉图像以便营造后厨的气氛。此外，我们还为网页导航和功能菜单转换找到合适的视觉载体元素，合理地融入画面中。于是在草图中我们不仅有橱柜、厨师还插入了保温灯、插单器等元素，让这种后厨的氛围更加逼真。

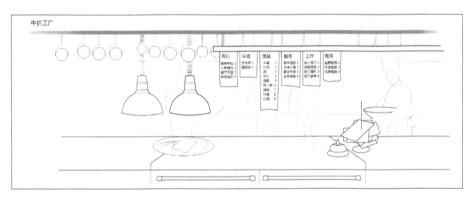

图 10.4　网页草图

接下来根据草图创意中的各个界面元素进行资料的收集与整理。在本案例中，除了一些菜品的素材是客户提供，其他大多素材都是自行拍摄，经过后期处理，再统一成复古色调，使其拥有一种看电影的既视感。如插单器中的收据单（见图 10.5），就是自行找的打印单拍摄而成。

图 10.5　收据单拍摄素材

首先是首页背景的设计制作（见图 10.6），橱柜与厨师的景象一次性拍摄成功几乎不现实，因此干净的后厨与忙碌的厨师背影都是分开拍摄后，再统一色调，合成到一个场景中，特别需要注意光感的把握，既不能过于沉闷、也不能太过跳跃。

图 10.6　首页背景的设计制作过程

接着是前景的设计与制作，虽然大多素材都能找到近似的同类物品来代替，但对于金属质感超高的钢化桌面和模拟点餐时的笔画（见图 10.7）来说，最好的方法就是自己用软件绘制了。

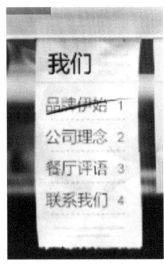

图 10.7　绘制的钢化桌面（上）与笔画（下）

最后继续完善了首页的其他视觉效果，同时还对之前遗漏的社交功能（如微信、微博二维码分享）、热点菜品推广功能、新闻功能进行了梳理与补充。最终的完整稿（见图10.8）获得了客户的高度认可。

图 10.8　首页最终效果图

图 10.8　首页最终效果图（续）

10.2.2　列表页面设计

由于首页效果表现得十分丰富，所以列表页面的风格既要统一在视觉风格中，还要简化其视觉元素让界面布局更加轻盈。于是导航菜单被固定到界面上方，突出了各列表选项。最终列表页面（见图 10.9）在定稿时，为了视觉效果既统一又有变化，各个列表页面视觉元素均来自首页，且每个页面的元素各不一样。

图 10.9　列表页最终效果图

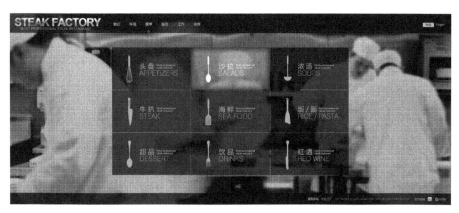

图 10.9　列表页最终效果图（续）

10.2.3　详细页面设计

详细页面是列表的深入，因此细节在延续列表布局的基础上，需要不受打扰的有序展示。以菜单版块的详细页（见图 10.10）来看，就是让某个具体的菜品在菜单之上完美展示。

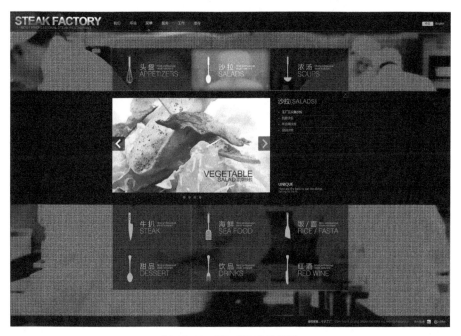

图 10.10　详细页最终效果图

10.3　网站布局

10.3.1　首页制作

我们精心制作出的一张 PSD 效果图，并不能直接变成网页，要先分析设计图的布局特征，再转换为 HTML、CSS 代码，才能在网页中

餐饮类网站
静态页面设计 2

显示。除了之前讲过的切图格式技巧外，在编写 HTML、CSS 代码的过程中，还需要注意两个概念，一是上下概念，二是层次概念。上下概念是指编写 HTML、CSS 代码的时候从网页布局的顶部写到底部；层次概念是先写内层的 HTML、CSS，再写外层的 HTML、CSS，如背景就在最内层，而一般文字会放在最外层。

本节将带领大家制作首页，对应设计稿来看，首页需要特别注意的是菜单区和新闻区这两块都有很重要的导航功能（见图 10.11）。

图 10.11　列表页导航功能

经过分析，我们制作 HTML、CSS 的顺序可以是第一步从上到下、从里到外，先制作背景区，即厨师在后厨里忙碌的图像作为大图背景；第二步制作顶部的全局导航区，此导航由 Logo、菜单和语言切换标签组成；第三步制作网格展示区；第四步，制作页脚，即折叠新闻区。具体制作方法如下。

背景区

这里的背景是一张图片 hou.jpg（见图 10.12）。

图 10.12　背景图片

这幅图片可以通过 div 中嵌入一个 img 来实现，HTML 和 CSS 代码如下：

```
#page{ width:100%; height:687px; background-repeat:no-repeat; background-position:top
center; min-width:980px; min-height:661px; overflow:hidden; position:absolute; }
#indexg1，#indexg0{ position:absolute; left:0px; top:0px; height:661px; }


<div id="page">
    <div id="indexg0">
            <img src="images/hou.jpg" width="1800" height="661" />
    </div>
</div>
```

下面对上面的代码进行详细说明。

首先，page 的 width 设置为 100%，说明页面的宽度为浏览器的宽度；高度设置为固定的 687px，position 设置为 absolute，表示它内部的 div 使用绝对定位。绝对定位的意思是其内部的元素可以指定 top、left 等 CSS 属性。top 和 left 属性可以定义内部元素左上角位于 page 中的位置。

其次，page 中包含一个 indexg0，它是一个 661 像素高的 div，和 hou.jpg 这张图片一样高，刚好用于包含背景图，indexg0 的左上角位于 page 的（0，0）处。

最后，indexg0 中有一个宽度为 1800 像素，高为 661 像素的图片，这就是背景图，最终实现的效果如 code/10/index1.html 所示。

2. 顶部全局导航区

（1）Logo

按从上到下的顺序，接着要制作的是 Logo，Logo 的代码如下：

```
#logo{ position:absolute; }
#logo a{ position:absolute; left:273px; font:11px Arial; color:#fff; top:15px; }
#logo a:hover{text-decoration:underline; }
<div id="logo">
    <img src="images/logo2.png" width="325" height="64" />
    <a href="#">English</a>
</div>
```

Logo（见图 10.13）由一张图和一个词 English 组成，English 是一个链接，用于切换网页语言，它使用绝对定位，放在（273，15）的位置，颜色为白色（0xfff）。一般来说 Logo 应该包含在 a 标签中用于单击，不过这里省略了。

上面代码实现的效果，如图 10.13 所示。

图 10.13　Logo

（2）菜单

Logo 制作完毕后就是本例中的导航菜单（见图 10.14），它实现很有技巧，首先它是将一张绘制好的菜单图放在设计图设计的位置，然后当鼠标移动到文字上时，显示一条斜线，形成菜单被勾画的视觉效果。

图 10.14　导航菜单

整个菜单上的文字都是绘制到一张图（qian.png）中的，所以首先将整个背景铺上这张图，实现背景图的代码如下：

```
<div id="indexg1">
    <img src="images/qian.png"  width="1800" height="661" />
</div>
```

再仔细分析一下，菜单由若干列组成，一共有 6 列，每一列由若干行组成，这种结构可以由嵌套的两个 ul，li 组成，代码如下：

```
<ul id="nav">
 <!-- 第一列 -->
 <li>
     <!-- 第一列的每一个菜单项，第一列由 4 个菜单项 -->
     <ul>
        <li><a href="#"><div><img src="images/navbg.png" width="68" height="22" />
</div></a></li>
```

```
        <li><a href="#"><div><img src="images/navbg.png" width="68" height="22" />
</div></a></li>
        <li><a href="#"><div><img src="images/navbg.png" width="68" height="22' />
</div></a></li>
        <li><a href="#"><div><img src="images/navbg.png" width="68" height="22" />
</div></a></li>
    </ul>
  </li>
  <!-- 第二列 -->
  ...
</ul>
```

最外层的 ul li 是横向排列的，因为有 6 列，所以 ul 中有 6 个 li，CSS 中定义了这 6 个 li 横向排列。

外层的 li 中有一个 ul，每个 ul 中有若干个 li，例如第一列有 4 个 li（子菜单），第二列有 2 个 li，第三列有 9 个 li，以此类推。

（3）菜单效果

本例中，当鼠标移动到菜单上的时候，会在菜单上放置一个 navbg.png 图标，表示选中。实现方式是先将图标放到文字的上面，并且隐藏下来，当鼠标移动到文字上时，显示图标。实现这个效果的布局代码已经在上面讲过了，下面来看看其 CSS 实现。

```
#nav{ position:absolute; left:515px; top:120px; }
#nav li{float:left; margin-left:24px; }
#nav li, #nav li ul{ width:68px; height:auto; }
#nav li ul li{ width:68px; height:22px; line-height:24px; }
#nav li ul li a{ width:68px; height:22px; display:block; background:url(../images/nb.png);
position:relative; }
#nav li ul li a div{ width:0px; overflow:hidden}
```

这里通过 #nav li{float:left; margin-left:24px; } 将 li 左浮动，这样所有 li 都靠左边排列。这样第一个 ul，li 就横向排列，菜单中的 6 个栏目就依次横向排列了（见图 10.15）。

图 10.15　菜单中的 6 个栏目

第二个 ul li 需要竖向排布，所以没有设置 float 属性，因为 li 的 float 默认是竖向的。#nav li ul li a 设置宽度为 68 像素，高度为 22 像素，设置 a 标签的背景图为 nb.png（一条线），当鼠标移动到 a 标签时，文字下面就会出现横线了（见图 10.16）。

图 10.16　鼠标移动到栏目列表中的效果

3 新闻折叠区

（1）新闻区布局

新闻折叠区中有一个 News 按钮，当单击图标新闻向上弹出，用户就能看到新闻幻灯片效果，而这里的布局（见图 10.17）就是我们要面对的第一个问题。

图 10.17　新闻折叠区的布局

其代码如下：

```html
<div id="news">
  <div id="opennews"><a href="#"><img src="images/newsc.png" width="74" height="33" /></a></div>
  <div id="newsbody">
    <ul id="newsc">
      <li>
        <div class="nimg" style=""><a href="#"><img src="images/n1.png" width="165" height="104" /></a></div>
        <div class="ntxt">
          <p class="nt1"><a href="#"> 于北卡罗来纳州大学完成学业并获得室内设计 </a><span>2112-08-13</span></p>
          <p class="nt2"> 牛扒工厂—国贸店在一个月内售出一吨菲力牛柳，名震京城餐饮界，纪录保持至今无人可近。2007 年 6 月　第一店—百子湾路店址以原投资值三倍出售。2007 年 7 月　王府井东方广场—旗舰店开业。超过九百平方米营业面积，於北卡罗来纳州大学完成学业并获得室内设计 </p>
        </div>
      </li>
      <li>
        <div class="nimg"><a href="#"><img src="images/n1.png" width="165" height="104" /></a></div>
```

```
<div class="ntxt">
        <p class="nt1"><a href="#">于北卡罗来纳州大学完成学业并获得室内设计
</a><span>2112-08-13</span></p>
        <p class="nt2">牛扒工厂—国贸店在一个月内售出一吨菲力牛柳，名震京
城餐饮界，纪录保持至今无人可近。2007 年 6 月  第一店—百子湾路店址以原投资值三倍出售。
2007 年 7 月  王府井东方广场—旗舰店开业。超过九百平方米营业面积，于北卡罗来纳州大学完
成学业并获得室内设计 </p>
        </div>
    </li>
  </ul>
  </div>
</div>
```

opennews 包含了一个 newsc.png 图片，单击这个图片后，底部会弹出一个新闻框，再次单击，新闻框会收缩下去。

newsbody 包含了新闻的主要内容。

newsc 表示一页一页的幻灯片。

（2）新闻的动效

这里的动效主要由一个 slider 组成，相关的 CSS 代码如下：

```
#news{width:100%; position:absolute; top:428px; top:628px; height:200px; overflow:hidden;
}
#opennews{ width:74px; position:absolute; left:50%;margin-left:-37px; height:33px; }
#newsbody{ width:100%; height:163px; position:relative; top:33px; background:url（../
images/nn.png）; }
#newsc{ width:750px; height:130px; margin:0 auto; padding-top:28px; }
#newsc li{ width:750px; height:120px; max-height:110px; }
.nimg{ width:165px; height:104px; }
.ntxt, .nimg{float:left; }
.ntxt{ width:550px; margin-left:25px; height:104px; }
.ntxt p.nt1{font-family:" 微 软 雅 黑 ", Arial; font-size:14px; color:#ffa32b; line-
height:24px; height:24px; width:550px; }
.ntxt p.nt1 a{color:#ffa32b; }
.ntxt p.nt1 span{font-family:Arial; font-size:12px; color:#5f5f5f; margin-left:20px; }
.ntxt p.nt2{font-family:" 微 软 雅 黑 ", Arial; font-size:12px; color:#b9b9b9; line-
height:22px; height:60px; width:550px; margin-top:5px; overflow:hidden}
```

news 使用了绝对定位，定位在坐标为（428，628）的位置，高度是 200 像素。

opennews 是一个图标，单击它消息就可以从底部往上弹，再点一次则收回底部。newsbody 是包含消息的一个 div，宽度设置为 100%，高度为 163 像素，背景为 nn.png。

newsc 是一个 ul，用来存放两张幻灯片，这里用到了前一章的幻灯片插件（Jquery.

anythingslider)。

newsc li 是每一张幻灯片，里面包含一张图片和一段文字。

nimg 是图片的样式。

幻灯片的 JS 代码如下：

```
$ ( '#newsc').anythingSlider ( {
    hashTags: false,
    autoPlay: true,
    width: 642,
    delay: 3000
} );
```

这里指在 3s 内切换到下一张图片，autoPlay 属性设置了幻灯片自动播放。首页的主要内容就这么多了，下面讲解列表页。

10.3.2 列表页制作

另一个比较重要的知识点就是列表页的制作，本小结将以餐单页面中的列表页作为案例进行讲解，在此列表页中展示的内容是一个菜单（见图 10.18）。

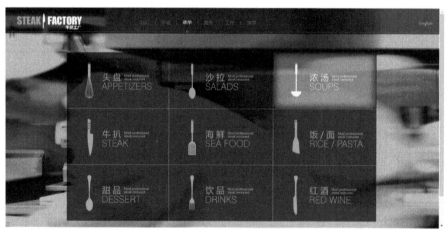

图 10.18 菜单列表页效果图

列表页由顶部的 Logo 和顶部全局导航区、中部的网格展示区组成。可以在第 10 课的 caidan.html 中看到本部分的代码。

从设计图中，经过分析制作 HTML、CSS 的顺序可以是：先是背景，再是顶部全局导航区，接着是网格展示区，最后是页脚。

▌背景制作

制作背景是从上到下、从里到外，背景实际上是张清晰厨师图像，这张图像最终被拉伸以填充整个页面，形成一种模糊的效果（见图 10.19）。

图 10.19 厨师清晰图像（左）与拉伸后的模糊效果（右）

实现背景的代码如下：

```
<div class="abs body-bg">
    <img src="images/cp-body-bg.png" width="1280" height="696"/>
</div>
<div class="grid abs"></div>

.abs{position:absolute}
.body-bg{z-index:-4; top:0; overflow:hidden; }
.body-bg img{display:block;  position:relative; }
.grid{top:0; left:0; width:100%; background:url ( img/body-bg2.png); z-index:-3; }
```

上面的代码定义了 2 个 div，都设置了 abs 类，abs 类表示绝对定位，这里 div 的左上角都定位在（0，0）点。

body-bg 中的 z-index 属性为 -4，表示该 div 放在 -4 层，相比来说是在最底层，第一个 div 下面有一张 cp-body-bg.png 图片，就是上面的厨师图片，被拉伸到 1280 像素 ×696 像素，所以会形成模糊的感觉。

另一个 div 营造出了点状小网格的效果，grid 类设置 body-bg2.png 作为背景，这是一个宽度为 3 像素，高度为 3 像素的小网格元素，在 gird 中重复这个元素，就形成了效果图中的点状网格效果。不是太明白的同学，可以在浏览器中打开页面看一下。

2. 顶部全局导航区

顶部全局导航区（见图 10.20）由 Logo、菜单和语言切换标签组成。这里的菜单是一个二级菜单，如图 10.20 所示。

图 10.20 顶部全局导航区

实现这部分布局的代码如下：

```html
<div class="header-out rel">
    <div class="abs header-bg"></div>
    <div class="header clears">
        <div class="fl logo" ><a href="#"><img src="images/logo.png" alt="/></a></div>
        <div class="fl nav rel">
            <div class="abs nav-dot"></div>
            <!--  第一个点的 left 是 0*66 +29 px;  -->
            <ul class="fl">
                <li class="bg-none">
                    <em><a href="#" title=" 我们 "> 我们 </a></em>
                </li>
                <li>
                    <em><a href="#" title=" 环境 "> 环境 </a></em>
                    <div class="abs two-list">
                        <div class="abs bg"></div>
                        <dl>
                            <dd><a href="huanjing.html"> 国贸店 </a></dd>
                            <dd><a href="#"> 东方店 </a></dd>

                            <dd style="height:7px; overflow:hidden; "></dd>
                        </dl>
                    </div>
                </li>
                <li>
                    <em class="active"><a href="caidan.html" title=" 菜单 "> 菜单 </a></em>
                </li>
                <li>
                    <em><a href="#" title=" 服务 "> 服务 </a></em>
                </li>
                <li>
                    <em><a href="#" title=" 工作 "> 工作 </a></em>
                </li>
                <li>
                    <em><a href="#" title=" 推荐 "> 推荐 </a></em>
                </li>
            </ul>
        </div>
        <div class="fr rel header-right">
            <a href="#" title="English">English</a>
        </div>
```

```
    </div>
</div>
```

首先 header-bg 在 header 区域设置了一张背景图，Header 中包含了 3 个 div，分别是左边的 Logo、中间的菜单、右边的 English 字符。

Logo 直接是一个 a 标签中嵌入一个 img 标签实现。

中间的菜单是一个 ul li 标签实现。

右边的 English 字符是一个 a 标签实现。

3. 网格展示区

网格展示区（见图 10.21），由 3 行 3 列组成。

图 10.21　网格展示区

网格展示区的代码如下：

```
<div class="t57">
    <dl class="centent-cp">
        <dt>
            <a href="javascript:void ( 0)">
                <span class="links-1"></span>
                <span class="bg-a"></span>
                <span class="bg-b"></span>
            </a>
            <a href="javascript:void ( 0)">
                <span class="links-2"></span>
                <span class="bg-a"></span>
                <span class="bg-b"></span>
            </a>
            <a href="javascript:void ( 0)">
                <span class="links-3"></span>
                <span class="bg-a"></span>
                <span class="bg-b"></span>
            </a>
```

```
            </dt>

            <dt>
                <a href="javascript:void ( 0)">
                    <span class="links-4"></span>
                    <span class="bg-a"></span>
                    <span class="bg-b"></span>
                </a>
                <a href="javascript:void ( 0)">
                    <span class="links-5"></span>
                    <span class="bg-a"></span>
                    <span class="bg-b"></span>
                </a>
                <a href="javascript:void ( 0)">
                    <span class="links-6"></span>
                    <span class="bg-a"></span>
                    <span class="bg-b"></span>
                </a>
            </dt>

            <dt>
                <a href="javascript:void ( 0)">
                    <span class="links-7"></span>
                    <span class="bg-a"></span>
                    <span class="bg-b"></span>
                </a>
                <a href="javascript:void ( 0)">
                    <span class="links-8"></span>
                    <span class="bg-a"></span>
                    <span class="bg-b"></span>
                </a>
                <a href="javascript:void ( 0)">
                    <span class="links-9"></span>
                    <span class="bg-a"></span>
                    <span class="bg-b"></span>
                </a>
            </dt>

        </dl>
</div>
```

此段代码表示一个 3 行 3 列的网格，每个网格由一张图片组成，这里使用 dl，dt 标签实现这个效果。<dl><dt></dt><dd></dd></dl> 称为标题 + 列表型标签。

dt 和 dd 放于 dl 标签内，标签 dt 与 dd 处于 dl 下相同级别。也就是 dt 不能放入 dd 内，dd 也不能放入 dt 内。在 dl 下，dt 与 dd 处于同级标签，dd 标签可以有若干，同时不能不加 dl 单独使用 dt 或 dd 标签。一般格式如下：

```
<dl>
    <dt> 标题 1</dt>
    <dd> 列表 1</dd>
    <dd> 列表 2</dd>
</dl>
```

理解了 dl dt dd 的语法规则，我们看看本例中是怎么应用的。本例中每个 dt 代表一行，其中有 3 个 a 标签，表示 3 个网格元素，a 标签中有 3 个 span 标签，代码如下：

```
<dt>
    <a href="javascript:void ( 0)">
        <span class="links-1"></span>
        <span class="bg-a"></span>
        <span class="bg-b"></span>
    </a>
    <a href="javascript:void ( 0)">
        <span class="links-2"></span>
        <span class="bg-a"></span>
        <span class="bg-b"></span>
    </a>
    <a href="javascript:void ( 0)">
        <span class="links-3"></span>
        <span class="bg-a"></span>
        <span class="bg-b"></span>
    </a>
</dt>
```

上面代码的 CSS 如下：

```
.content-cp dt a .bg-a{background-image:url ( img/content-active1.png); z-index:-1; }
.content-cp dt a span
{width:320px; height:169px; top:0; left:0; position:absolute; cursor:pointer; background:url
( img/content-bg1.png) no-repeat; }
.content-cp dt a .bg-b{background-image:url ( img/content-active2.png); z-index:-2;
display:none; }
.content-cp dt .links-1{background-position:55px 30px; }
.content-cp dt .links-2{background-position:-264px 30px; }
.content-cp dt .links-3{background-position:-585px 30px; }
.content-cp dt .links-4{background-position:55px -140px; }
.content-cp dt .links-5{background-position:-264px -140px; }
```

```
.content-cp dt .links-6{background-position:-585px -140px; }
.content-cp dt .links-7{background-position:55px -310px; }
.content-cp dt .links-8{background-position:-264px -310px; }
.content-cp dt .links-9{background-position:-585px -310px; }
.content-cp dt .links-1:hover
{background-image:url（img/content-bg2.png）; background-position:55px 30px; }
.content-cp dt .links-2:hover
{background-image:url（img/content-bg2.png）; background-position:-264px 30px; }
.content-cp dt .links-3:hover
{background-image:url（img/content-bg2.png）; background-position:-585px 30px; }
.content-cp dt .links-4:hover
{background-image:url（img/content-bg2.png）; background-position:55px -140px; }
.content-cp dt .links-5:hover
{background-image:url（img/content-bg2.png）; background-position:-264px -140px; }
.content-cp dt .links-6:hover
{background-image:url（img/content-bg2.png）; background-position:-585px -140px; }
.content-cp dt .links-7:hover
{background-image:url（img/content-bg2.png）; background-position:55px -310px; }
.content-cp dt .links-8:hover
{background-image:url（img/content-bg2.png）; background-position:-264px -310px; }
.content-cp dt .links-9:hover
{background-image:url（img/content-bg2.png）; background-position:-585px -310px; }
```

bg-a 表示 content-active1.png（见图 10.22）这张图片；bg-b 表示 content-active2.png（见图 10.23）这张图片，这两张图片默认为隐藏，这两张图片实现了鼠标移动到网格上时，网格变色的效果。

图 10.22　content-active1.png

图 10.23　content-active2.png

entent-cp dt a span 的样式是：

{width:320px; height:169px; top:0; left:0; position:absolute; cursor:pointer; background:url（img/content-bg1.png) no-repeat; }

这是一张 content-bg1.png 图片，每个 span 的宽度是 320 像素，高度是 169 像素。

links-1 到 links-9 是取 content-bg1.png（见图 10.24）图片中不同位置的图，它

将不同的文字显示到不同的 grid 中。links-1:hover 到 links-9:hover 表示当鼠标移动到网格元素上时，显示另一张图片，从而起到高亮的效果。

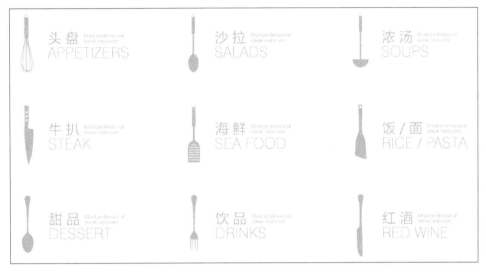

图 10.24　content-bg1.png

10.4　网站动效表现

　　一个网站中会有多个动效表现，本小结将以详细页中的菜单为重点案例来讲解。详细页的每一个网格菜单下都有一个菜品介绍，是一个幻灯片加一个文字组成（见图 10.25）。

图 10.25　网格菜单

　　单击网格菜单，会弹出菜单菜品的详细介绍，由于有多种菜品，所以使用 slider 效果实现，布局代码如下：

```
<dd class="show">
    <div class="center clears">
        <div class="fl rel tab-ptr">
            <ul class="slider">
                <li><img src="images/1.png" width="642" height="377"></li>
                <li><img src="images/2.png" width="642" height="377"></li>
                <li><img src="images/3.png" width="642" height="377"></li>
                <li><img src="images/4.png" width="642" height="377"></li>
            </ul>
        </div>
        <div class="fr rel section">
            <a href="javascript:void(0)" class="abs closed"></a>
            <h3>沙拉 <span> ( SALADS)</span></h3>
            <p><a href="javascript:void(0)" class="active">·<span>工厂三文鱼沙拉 3</span></a></p>
            <p><a href="javascript:void(0)">·<span>凯撒沙拉 </span></a></p>
            <p><a href="javascript:void(0)">·<span>牛油果沙拉 </span></a></p>
            <p><a href="javascript:void(0)">·<span>田园沙拉 </span></a></p>

            <div class="abs last-end">
                <span>UNIQUE</span><br/>
                Here are the best to eat the dishesEating to try it
            </div>
        </div>
    </div>
</dd>
```

类名为 "center clears" 的 div 下面有两个 div，一个在左边，另一个在右边，左边的 div 中包含一个幻灯片效果，右边的 div 是对应的菜品名。

幻灯片使用了 ul li 方式的 silder，使用 anythingslider 插件实现。

最后需要实现的就是页脚部分了，这里就不细讲了。需要提醒大家的是要完整的掌握 HTML、CSS 技术，必须多动手实践，自己动手写代码、改错误、多做一些案例，这样才能在技术上有真正的提高。